"十三五"国家重点出版物出版规划项目

海洋机器人科学与技术丛书

封锡盛 李 硕 主编

水密连接器理论及应用

何立岩 李智刚 等 著

科 学 出 版 社
龙 门 书 局
北 京

内 容 简 介

水密连接器是海洋机器人及其相关应用领域不可或缺的重要单元部件，承担重要的使命任务并发挥重要作用。本书对海洋机器人常用的水密连接器的分类、结构、工作原理及典型应用等诸多方面进行了较为全面、深入、具体的论述；同时，对其他通用部件(如水下摄像机、水下照明灯、水下云台及补偿器)进行了简要介绍。

本书论述具体、翔实，实践性强，可供海洋机器人研究及应用、海洋工程技术领域工程技术人员及高校相关专业教师、学生参考。

图书在版编目(CIP)数据

水密连接器理论及应用 / 何立岩等著. —北京：龙门书局，2020.11
(海洋机器人科学与技术丛书 / 封锡盛，李硕主编)

"十三五"国家重点出版物出版规划项目　国家出版基金项目
ISBN 978-7-5088-5824-1

Ⅰ. ①水… Ⅱ. ①何… Ⅲ. ①水下连接器 Ⅳ. ①TM503

中国版本图书馆 CIP 数据核字(2020)第 216236 号

责任编辑：姜　红　张　震　陈　琼 / 责任校对：樊雅琼
责任印制：师艳茹 / 封面设计：无极书装

科 学 出 版 社 出版
龙 門 書 局
北京东黄城根北街 16 号
邮政编码：100717
http://www.sciencep.com
中 国 科 学 院 印 刷 厂 印刷
科学出版社发行　各地新华书店经销

*

2020 年 11 月第 一 版　开本：720×1000　1/16
2020 年 11 月第一次印刷　印张：12 1/4　插页：2
字数：247 000

定价：98.00 元
(如有印装质量问题，我社负责调换)

丛书前言一

浩瀚的海洋蕴藏着人类社会发展所需的各种资源，向海洋拓展是我们的必然选择。海洋作为地球上最大的生态系统不仅调节着全球气候变化，而且为人类提供蛋白质、水和能源等生产资料支撑全球的经济发展。我们曾经认为海洋在维持地球生态系统平衡方面具备无限的潜力，能够修复人类发展对环境造成的伤害。但是，近年来的研究表明，人类社会的生产和生活会造成海洋健康状况的退化。因此，我们需要更多地了解和认识海洋，评估海洋的健康状况，避免对海洋的再生能力造成破坏性影响。

我国既是幅员辽阔的陆地国家，也是广袤的海洋国家，大陆海岸线约 1.8 万千米，内海和边海水域面积约 470 万平方千米。深邃宽阔的海域内潜含着的丰富资源为中华民族的生存和发展提供了必要的物质基础。我国的洪涝、干旱、台风等灾害天气的发生与海洋密切相关，海洋与我国的生存和发展密不可分。党的十八大报告明确提出："提高海洋资源开发能力，发展海洋经济，保护海洋生态环境，坚决维护国家海洋权益，建设海洋强国。"[①]党的十九大报告明确提出："坚持陆海统筹，加快建设海洋强国。"[②]认识海洋、开发海洋需要包括海洋机器人在内的各种高新技术和装备，海洋机器人一直为世界各海洋强国所关注。

关于机器人，蒋新松院士有一段精彩的诠释：机器人不是人，是机器，它能代替人完成很多需要人类完成的工作。机器人是拟人的机械电子装置，具有机器和拟人的双重属性。海洋机器人是机器人的分支，它还多了一重海洋属性，是人类进入海洋空间的替身。

海洋机器人可定义为在水面和水下移动，具有视觉等感知系统，通过遥控或自主操作方式，使用机械手或其他工具，代替或辅助人去完成某些水面和水下作业的装置。海洋机器人分为水面和水下两大类，在机器人学领域属于服务机器人中的特种机器人类别。根据作业载体上有无操作人员可分为载人和无人两大类，其中无人类又包含遥控、自主和混合三种作业模式，对应的水下机器人分别称为无人遥控水下机器人、无人自主水下机器人和无人混合水下机器人。

---

① 胡锦涛在中国共产党第十八次全国代表大会上的报告. 人民网，http://cpc.people.com.cn/n/2012/1118/c64094-19612151.html

② 习近平在中国共产党第十九次全国代表大会上的报告. 人民网，http://cpc.people.com.cn/n1/2017/1028/c64094-29613660.html

　　无人水下机器人也称无人潜水器，相应有无人遥控潜水器、无人自主潜水器和无人混合潜水器。通常在不产生混淆的情况下省略"无人"二字，如无人遥控潜水器可以称为遥控水下机器人或遥控潜水器等。

　　世界海洋机器人发展的历史大约有 70 年，经历了从载人到无人，从直接操作、遥控、自主到混合的主要阶段。加拿大国际潜艇工程公司创始人麦克法兰，将水下机器人的发展历史总结为四次革命：第一次革命出现在 20 世纪 60 年代，以潜水员潜水和载人潜水器的应用为主要标志；第二次革命出现在 70 年代，以遥控水下机器人迅速发展成为一个产业为标志；第三次革命发生在 90 年代，以自主水下机器人走向成熟为标志；第四次革命发生在 21 世纪，进入了各种类型水下机器人混合的发展阶段。

　　我国海洋机器人发展的历程也大致如此，但是我国的科研人员走过上述历程只用了一半多一点的时间。20 世纪 70 年代，中国船舶重工集团公司第七〇一研究所研制了用于打捞水下沉物的"鱼鹰"号载人潜水器，这是我国载人潜水器的开端。1986 年，中国科学院沈阳自动化研究所和上海交通大学合作，研制成功我国第一台遥控水下机器人"海人一号"。90 年代我国开始研制自主水下机器人，"探索者"、CR-01、CR-02、"智水"系列等先后完成研制任务。目前，上海交通大学研制的"海马"号遥控水下机器人工作水深已经达到 4500 米，中国科学院沈阳自动化研究所联合中国科学院海洋研究所共同研制的深海科考型 ROV 系统最大下潜深度达到 5611 米。近年来，我国海洋机器人更是经历了跨越式的发展。其中，"海翼"号深海滑翔机完成深海观测；有标志意义的"蛟龙"号载人潜水器将进入业务化运行；"海斗"号混合型水下机器人已经多次成功到达万米水深；"十三五"国家重点研发计划中全海深载人潜水器及全海深无人潜水器已陆续立项研制。海洋机器人的蓬勃发展正推动中国海洋研究进入"万米时代"。

　　水下机器人的作业模式各有长短。遥控模式需要操作者与水下载体之间存在脐带电缆，电缆可以源源不断地提供能源动力，但也限制了遥控水下机器人的活动范围；由计算机操作的自主水下机器人代替人工操作的遥控水下机器人虽然解决了作业范围受限的缺陷，但是计算机的自主感知和决策能力还无法与人相比。在这种情形下，综合了遥控和自主两种作业模式的混合型水下机器人应运而生。另外，水面机器人的引入还促成了水面与水下混合作业的新模式，水面机器人成为沟通水下机器人与空中、地面机器人的通信中继，操作者可以在更远的地方对水下机器人实施监控。

　　与水下机器人和潜水器对应的英文分别为 underwater robot 和 underwater vehicle，前者强调仿人行为，后者意在水下运载或潜水，分别视为"人"和"器"，海洋机器人是在海洋环境中运载功能与仿人功能的结合体。应用需求的多样性使得运载与仿人功能的体现程度不尽相同，由此产生了各种功能型的海洋机器人，如观察型、作业型、巡航型和海底型等。如今，在海洋机器人领域 robot 和 vehicle 两词的内涵逐渐趋同。

信息技术、人工智能技术特别是其分支机器智能技术的快速发展，正在推动海洋机器人以新技术革命的形式进入"智能海洋机器人"时代。严格地说，前述自主水下机器人的"自主"行为已具备某种智能的基本内涵。但是，其"自主"行为泛化能力非常低，属弱智能；新一代人工智能相关技术，如互联网、物联网、云计算、大数据、深度学习、迁移学习、边缘计算、自主计算和水下传感网等技术将大幅度提升海洋机器人的智能化水平。而且，新理念、新材料、新部件、新动力源、新工艺、新型仪器仪表和传感器还会使智能海洋机器人以各种形态呈现，如海陆空一体化、全海深、超长航程、超高速度、核动力、跨介质、集群作业等。

海洋机器人的理念正在使大型有人平台向大型无人平台转化，推动少人化和无人化的浪潮滚滚向前，无人商船、无人游艇、无人渔船、无人潜艇、无人战舰以及与此关联的无人码头、无人港口、无人商船队的出现已不是遥远的神话，有些已经成为现实。无人化的势头将冲破现有行业、领域和部门的界限，其影响深远。需要说明的是，这里"无人"的含义是人干预的程度、时机和方式与有人模式不同。无人系统绝非无人监管、独立自由运行的系统，仍是有人监管或操控的系统。

研发海洋机器人装备属于工程科学范畴。由于技术体系的复杂性、海洋环境的不确定性和用户需求的多样性，目前海洋机器人装备尚未被打造成大规模的产业和产业链，也还没有形成规范的通用设计程序。科研人员在海洋机器人相关研究开发中主要采用先验模型法和试错法，通过多次试验和改进才能达到预期设计目标。因此，研究经验就显得尤为重要。总结经验、利于来者是本丛书作者的共同愿望，他们都是在海洋机器人领域拥有长时间研究工作经历的专家，他们奉献的知识和经验成为本丛书的一个特色。

海洋机器人涉及的学科领域很宽，内容十分丰富，我国学者和工程师已经撰写了大量的著作，但是仍不能覆盖全部领域。"海洋机器人科学与技术丛书"集合了我国海洋机器人领域的有关研究团队，阐述我国在海洋机器人基础理论、工程技术和应用技术方面取得的最新研究成果，是对现有著作的系统补充。

"海洋机器人科学与技术丛书"内容主要涵盖基础理论研究、工程设计、产品开发和应用等，囊括多种类型的海洋机器人，如水面、水下、浮游以及用于深水、极地等特殊环境的各类机器人，涉及机械、液压、控制、导航、电气、动力、能源、流体动力学、声学工程、材料和部件等多学科，对于正在发展的新技术以及有关海洋机器人的伦理道德社会属性等内容也有专门阐述。

海洋是生命的摇篮、资源的宝库、风雨的温床、贸易的通道以及国防的屏障，海洋机器人是摇篮中的新生命、资源开发者、新领域开拓者、奥秘探索者和国门守卫者。为它"著书立传",让它为我们实现海洋强国梦的夙愿服务,意义重大。

本丛书全体作者奉献了他们的学识和经验,编委会成员为本丛书出版做了组织和审校工作,在此一并表示深深的谢意。

本丛书的作者承担着多项重大的科研任务和繁重的教学任务,精力和学识所限,书中难免会存在疏漏之处,敬请广大读者批评指正。

中国工程院院士 封锡盛

2018 年 6 月 28 日

丛书前言二

改革开放以来，我国海洋机器人事业发展迅速，在国家有关部门的支持下，一批标志性的平台诞生，取得了一系列具有世界级水平的科研成果，海洋机器人已经在海洋经济、海洋资源开发和利用、海洋科学研究和国家安全等方面发挥重要作用。众多科研机构和高等院校从不同层面及角度共同参与该领域，其研究成果推动了海洋机器人的健康、可持续发展。我们注意到一批相关企业正迅速成长，这意味着我国的海洋机器人产业正在形成，与此同时一批记载这些研究成果的中文著作诞生，呈现了一派繁荣景象。

在此背景下"海洋机器人科学与技术丛书"出版，共有数十分册，是目前本领域中规模最大的一套丛书。这套丛书是对现有海洋机器人著作的补充，基本覆盖海洋机器人科学、技术与应用工程的各个领域。

"海洋机器人科学与技术丛书"内容包括海洋机器人的科学原理、研究方法、系统技术、工程实践和应用技术，涵盖水面、水下、遥控、自主和混合等类型海洋机器人及由它们构成的复杂系统，反映了本领域的最新技术成果。中国科学院沈阳自动化研究所、哈尔滨工程大学、中国科学院声学研究所、中国科学院深海科学与工程研究所、浙江大学、华侨大学、东华理工大学等十余家科研机构和高等院校的教学与科研人员参加了丛书的撰写，他们理论水平高且科研经验丰富，还有一批有影响力的学者组成了编辑委员会负责书稿审校。相信丛书出版后将对本领域的教师、科研人员、工程师、管理人员、学生和爱好者有所裨益，为海洋机器人知识的传播和传承贡献一份力量。

本丛书得到 2018 年度国家出版基金的资助，丛书编辑委员会和全体作者对此表示衷心的感谢。

"海洋机器人科学与技术丛书"编辑委员会

2018 年 6 月 27 日

前　言

　　水密连接器是在水下环境中肩负接续电源和传输光、电信号使命的连接器，是重要的水下单元部件之一，在海洋机器人及其相关领域有着广泛应用。但在具体应用中，水密连接器却往往被忽视，由小器件带来大隐患的情况屡有发生。如果工程技术人员能够对水密连接器的分类、组成、工作原理及性能特点等方面有进一步的了解，对其选型应用及维护保养有更进一步的掌握，则由水密连接器带来的系统故障及隐患就会大大减少，系统的稳定性和可靠性将会提升。

　　本书对常用水密连接器的性能指标、结构设计、加工工艺、选型应用、故障分析及维护保养等诸多方面进行比较系统的分析和阐述，希望能够对海洋机器人及其相关领域的工程技术人员提供有益的帮助及借鉴。

　　本书共 9 章。

　　第 1 章为连接器概述，简要介绍电连接器及光纤连接器的概念、分类、组成及应用，以及通用连接器的发展趋势。

　　第 2 章为水密连接器概述，简要介绍水密连接器的基础及国内外现状。

　　第 3 章为常用水密连接器，对各种水密连接器的组成、结构及性能进行比较详细的介绍。鉴于国外水密连接器在国内的应用市场仍占据主导地位，故对国外著名水密连接器生产厂商的水密连接器产品进行较具体的介绍。其中，作者结合水下插拔连接器实际研发经历，对水密连接器的高端产品即水下插拔连接器给予详细阐述。

　　第 4 章为水密连接器用水密缆，对水密缆的结构、加工及检测等进行简要介绍。

　　第 5 章为典型水密电连接器加工工艺，以典型的、应用广泛的橡胶体水密电连接器为主，详细介绍水密电连接器加工过程中的主要工艺；同时，对重要且关键的水密电连接器橡胶体硫化模具的设计及应用进行比较详细的论述。

　　第 6 章为水密电连接器性能检测试验，针对水密电连接器的性能参数体系、质量与主要的性能检测试验进行叙述及说明。

　　第 7 章为水密电连接器的使用与维护，结合作者实际工作经验，对水密电连接器堵头、水密电连接器使用过程中常见故障及解决方法，以及水密电连接器使用与维护等方面的问题，有针对性地加以阐述。

　　第 8 章为水密连接器发展，对水密连接器及其相关技术的发展趋势进行简要分析及阐述。

第 9 章为其他常用水下单元部件，针对海洋机器人常用的除水密连接器以外的其他水下单元部件(包括水下摄像机、水下照明灯、水下云台及补偿器)的结构、工作原理及应用情况加以论述；同时，对国外的相关产品进行介绍与说明。

本书由何立岩统稿、李智刚定稿，第 1 章由任福林撰写，第 2、3、6、7 章由何立岩撰写，第 4 章由徐洪俊、任程刚合作撰写；第 5 章由孙明祺、邢家富合作撰写，第 8、9 章由何立岩、李智刚合作撰写。

特别感谢国家出版基金(2018T-011)对本书出版的资助。本书的部分研究内容还得到了国家重点研发计划项目(2018YFC0308700)的支持，在此一并深表感谢。

本书在写作过程中参考的国内外水密连接器相关资料已在本书参考文献列出，在此，向参考文献的作者表示诚挚的谢意。

由于作者水平有限，书中不足之处在所难免，恳请广大读者提出宝贵意见。

作 者

2020 年 3 月 20 日

目　　录

1

连接器概述

在日常生活和工作中，几乎每个人每天都接触或使用到连接器。可以说各式各样的连接器与我们的生活和工作息息相关。连接器的概念具有广泛的内涵，具有各种型式、各种功能。本书主要介绍水密连接器，论述重点是水密电连接器。在此之前，通过本章简要介绍各领域应用的连接器概况。

1.1　连接器概念

连接器通常包括插头和插座两部分，国内也称为接插件，一般是指电连接器。连接器是工程师(尤其是电子工程技术领域的工程师)经常使用的最基础的电气元件。它的作用非常单一，即在相互分离阻断的电路之间架起连接及沟通的路径，从而使电流流通，使电路实现预期的功能。连接器通常在器件与器件、组件与组件、设备与设备、系统与系统之间进行电气连接和信号传递，是构成一个完整系统所必需的基础元件。其实，仅仅将连接器定义为电源接续或电信号和传递元件是狭义的和不确切的。广义上，连接器所连接的不仅限于电流。在光电子技术迅猛发展的今天，连接器在光纤系统中传递的是光信号，光纤代替了普通电路中的金属导线。这类连接器称为光纤连接器。

连接器是一种借助电信号(或光信号)和机械结构，使电路(或光通道)接通、断开或转换的功能元件，用于器件、组件、设备、系统之间的电信号(或光信号)的连接及传输，并且保持系统与系统之间不发生信号失真和能量损失尽可能小。

电连接器是电子设备中不可缺少的元器件，几乎在所有设备的电路中总会有一个或多个电连接器。电连接器的使用量很大，如一架飞机上使用的电连接器数量可达数百至数千个，关联数万条线路。通常飞机上使用的(电)连接器又称航空(电)连接器。

光纤连接器用于两根光纤或光缆的连接，形成连续的光通路。光纤连接器是一种可以重复使用的无源器件,广泛应用在光纤传输线路和光纤测试仪器仪表中,是目前使用数量最多的光无源器件。

显而易见,凡是需要光、电信号连接的地方都要使用光纤、电连接器。连接器作为构成整机电路系统电气连接所必需的基础元件,广泛应用于航空航天、军事装备、通信、计算机、汽车、工业、家用电器等领域。

1.2 连接器分类

按连接器的功能,通常使用的连接器可分为电连接器、光纤连接器和光电混合连接器。连接器的结构、功能多种多样,而且连接器的新结构不断涌现、应用领域不断拓展,因此,试图使用某种简单、固定的模式解决连接器的分类和命名问题,已难以实现。

在我国的电子电气行业管理中,连接器与开关、键盘等统称为电接插元件,而电接插元件与继电器又统称为机电组件。连接器产品类型的划分虽然看似混乱,但从技术层面上看,连接器产品有两种基本的分类方法。

1. 按外形结构分类

连接器按外形结构可分为圆形连接器和矩形连接器。

2. 按工作频率分类

连接器按工作频率可分为低频连接器和高频连接器(通常以 3MHz 为界)。

考虑到连接器的技术发展和实际应用情况,从其通用性和相关的技术标准角度,连接器还可划分为以下多种类别:

(1)射频同轴连接器;

(2)光纤连接器;

(3)印刷电路板连接器;

(4)线对线连接器;

(5)薄膜电缆连接器;

(6)扁平电缆连接器;

(7)计算机设备连接器;

(8)视频/音频信号连接器;

(9)手机连接器;

(10)电源连接器;

(11)高压连接器;

(12)车用连接器;

(13)航空连接器;

(14)高速信号连接器；

(15)微波连接器；

(16)防水连接器；

(17)耐高温连接器。

连接器更加具体细化的分类还有很多，如按连接器连接方式，可分为螺纹连接器、快速卡口连接器、卡锁连接器、直插式连接器等；按连接器用途，可分为射频电连接器、高温电连接器、自动脱离电连接器、滤波电连接器等；按连接器接触件端接型式，可分为压接连接器、焊接连接器、绕接连接器、螺钉连接器等。

1.3 电连接器组成及应用

1. 电连接器连接方式

电连接器一般由固定端的插座和自由端的插头两部分组成，并通过特定连接方式将插头和插座连接为一个整体。插座通过螺纹连接或法兰连接等方式固定在应用部件上；插头则通过焊接或压接等方式连接到电缆或光缆。电连接器插头和插座之间最常用的连接方式为螺纹连接，即通过连接螺帽等方式连接成一体。其他常用的连接方式还有快速卡口连接、卡锁连接、推拉式连接等。电连接器螺纹连接的优点是连接可靠性高，适合长期处于强烈振动的环境，但缺点是插合或分离速度相对较慢，连接不方便。电连接器快速卡口连接的优点是连接环最多转动120°，就可实现插合或分离，使用十分方便。电连接器选用时，除长期处于强烈振动环境应采用螺纹连接方式外，其余常选用快速卡口连接方式。

2. 典型电连接器组成

绝大部分电连接器均由电连接器壳体、绝缘体及接触件(插针和插孔统称为接触件)三大基本组成部分，以及相关系列附件等组成。

电连接器壳体起到保护绝缘体和接触件等电连接器内部零件不被损伤的作用。电连接器壳体通常由金属材料加工而成(称为金属壳体)，也可由工程塑料加工而成。电连接器壳体上通常有定位键槽，起到插头与插座插合时的定位和导向作用；其上安装连接螺帽(或称锁紧螺帽)，用于插头与插座的插合和分离。尾部附件用于保护导线与接触件端接处不受损伤并固定电缆。电连接器壳体的另一个作用是电磁屏蔽。电连接器金属壳体常用材料有(机械加工、冷挤压、压铸)铝合金、不锈钢及黄铜等。

电连接器的绝缘体有插孔型和插针型之分。接触件按一定的规律及型式，即按设计的型谱排布于绝缘体上,并保持在正确的位置上,从而保证各个接触件之间及各接触件与金属壳体之间相互电气绝缘。电连接器绝缘体材料必须具有优良的电气性能和力学性能。通常绝缘体材料应具有良好的耐高/低温、耐潮湿、耐振动、耐冲击及耐电压性能,同时应具备良好的流动性及尺寸稳定性等。良好的流动性是确保模塑成型的高密度绝缘体具有优良电气性能和力学性能的关键因素。绝缘体大都采用热塑性塑料模塑成型,其特点是加热加压下可反复软化而不产生化学变化。常用的绝缘体材料有酚醛塑料、聚氨酯(polyurethane,PU)、聚碳酸酯(polycarbonate,PC)及聚醚醚酮(polyetherether ketone,PEEK)等。酚醛塑料是用量最大、价格最低的热固性塑料;聚氨酯具有优良的韧性和润滑性、良好的耐疲劳性、很低的吸水率、优异的介电性能和化学稳定性;PC 是可在大区间温度、湿度条件下工作的优良电绝缘材料;PEEK 则是各方面指标均非常优异的电连接器绝缘体材料,但价格昂贵使其应用受到一定限制。绝缘体选材时要兼顾高性能和低成本两个方面。

接触件是电连接器实现其功能的关键零部件,直接影响电连接器的电性能及工作的可靠性。接触件大多采用导电性能良好的铜合金材料机械加工并热处理而成,且通常采用表面镀银或镀金工艺,以达到最大限度地减小接触电阻及防腐蚀的目的。镀金接触件具有优良的耐腐蚀、耐磨损性能和低的接触电阻,故广泛应用于可靠性要求高的军用电连接器和水密电连接器上。近年来,随着复合电镀工艺技术的发展应用,也有部分接触件由全部镀金改为镀金和锡的复合镀层,即接触件的接触端为镀金层,保证优良的耐腐蚀、耐磨损性能和低的接触电阻,而接触件的端接端为镀锡层,以保证可焊性,且节省昂贵的金消耗量。

按与芯线和电缆端接方式的不同,接触件主要可分为焊接接触件、压接接触件和绕接接触件。各端接方式具有不同的优缺点,应用场合也各有差异。

压接接触件与焊接接触件相比较,具有以下优点。

(1)焊接质量在很大程度上取决于操作者的水平,操作水平低会出现虚焊和假焊等焊接缺陷;而压接质量主要靠压接工具来保证。压接接触件具有良好的端接质量和可靠性。

(2)随着电连接器接触件密度不断增大,接触件的间距越来越小,导致焊接操作难度越来越大。而压接是将接触件在装配前先与导线端接好,再装入插头或插座,从而避免了接触件密度大带来的操作难度。

(3)接触件焊接后需进行焊剂清洗,大密度接触件电连接器由于间距小而清洗困难。焊剂清洗不彻底,残留焊剂易造成接插件腐蚀。而压接接触件则不需要清洗,也无任何气体挥发,更有利于改善操作环境。

(4)压接不需电源,更适用于野外现场操作。

但压接接触件与焊接接触件相比较,也有其缺点:主要是压接接触件端接部位通常位于电连接器绝缘体内部,不如焊接接触件那样直观和便于检查。

图 1.1 是典型的圆形电连接器结构。

图 1.1　圆形电连接器结构

1-绝缘体；2-插座壳体；3-连接圆键；4-插头壳体；5-插针；6-插孔

3. 电连接器性能评价

电连接器性能主要从以下三个方面进行评价：电连接器力学性能、电连接器电气性能和电连接器环境性能。

1）力学性能

电连接器的力学性能主要包括插拔力和机械使用寿命两项指标。

插拔力分为插入力（又称插合力）和拔出力（又称分离力），两者的要求有所不同。在有关标准中，有最大插合力和最小分离力的规定。从使用角度来看，插合力要小而分离力要适当；分离力过小则会影响接触件接触的可靠性。

机械使用寿命通常由连接器的插拔次数来衡量。机械使用寿命实际上是一种耐久性指标，它以一次插入和一次拔出为一个循环。通常规定机械使用寿命为500～1000 次插拔。如果一个电连接器的机械使用寿命是 500 次插拔，即在这 500次插拔内，该电连接器均应正常工作并符合质量标准。

电连接器的插拔力和机械使用寿命与接触件结构（正压力大小）、接触部位镀层质量（滑动摩擦系数）以及接触件排列位置精度等因素有关。

2）电气性能

电连接器的电气性能主要包括接触电阻、绝缘电阻和抗电强度等。

电连接器的接触电阻是指连接器插合后接触件间的电阻。一般电连接器的接触电阻从几毫欧到几十毫欧不等。高质量的电连接器应当具有低且稳定的接触电阻。

电连接器的绝缘电阻是指电连接器接触件之间或接触件与金属壳体之间的电阻，一般为数百兆欧至数千兆欧不等。

　　电连接器的抗电强度又称耐电压强度或介质耐压，是电连接器接触件之间或接触件与金属壳体之间在规定时间内所能承受的比额定工作电压更高而不产生击穿现象的临界电压。它主要受接触件间距、爬电距离、几何形状、绝缘体材料、环境温度和湿度及大气压力等因素的影响。抗电强度用来确定电连接器在额定工作电压下能否安全工作及其耐电压的能力，从而评定电连接器绝缘体材料或绝缘间隙是否合适。如果绝缘体内部存在缺陷，则在施加试验电压后，有可能产生击穿放电或损坏[1]。击穿放电表现为飞弧(表面放电)、火花放电(空气放电)或击穿(击穿放电)现象。

　　3) 环境性能

　　电连接器的环境性能主要包括耐温、耐湿、耐盐雾、耐振动和冲击等性能。电连接器一般在最高工作温度和最低工作温度区间内工作。当温度超出工作温度区间时，电连接器性能无法保证。通常的工作温度区间为$-65 \sim 200℃$。由于电连接器工作时，电流在触点处会产生热量，导致温升，一般认为工作温度应等于环境温度与触点温升之和。

　　潮气的侵入会影响电连接器的绝缘性能，并锈蚀电连接器的金属零件。而电连接器在潮气和盐雾的环境中工作时，其金属结构件、接触件表面都有可能产生电化学腐蚀，使电连接器的力学和电气性能降低。

　　耐振动和耐冲击是电连接器的重要性能指标，在特殊的应用环境(如航空航天、铁路和公路运输)中显得尤为重要。它是检验电连接器机械结构稳固性和电接触可靠性的重要指标。

　　电连接器种类繁多，结构各异。图1.2～图1.5是几种常见的电连接器。

图 1.2　矩形连接器

图 1.3　印刷电路板连接器

图 1.4　射频同轴连接器

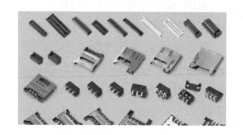

图 1.5　手机连接器

4. 电连接器应用

电连接器在航空航天等军事应用系统中可谓无处不在，这类电连接器又称为军用电连接器。军用电连接器是飞机、导弹、舰艇等武器系统中用量较多的通用电子元器件之一。较为典型、应用较为广泛的电连接器之一是圆形航空电连接器，如图 1.6 所示。例如，一架现代歼击机所使用电缆的长度可达 5~10km，一次配套使用的电连接器数量为 800~1000 件；一架大型客机电缆总长度可达 250km，一次配套使用的电连接器数量为 4500 多件；举世瞩目的神舟飞船，仅推进舱和电源系统就使用了各类电连接器 500 多件。飞机以及航空电子设备系统是军用电连接器最大和最集中的应用领域，起着接续电源和传输信号的作用。

图 1.6　圆形航空电连接器

汽车是一种大量使用各种电连接器的交通工具。通常汽车需要用到的电连接器有近百种，单一车型所使用的电连接器有数百个之多。一方面，消费者对汽车内部电子功能的要求越来越高，同时汽车内部可以提供的电子功能越来越丰富，如汽车音响系统、汽车导航系统、安全气囊、防抱死制动系统、车内光缆网络等，使汽车电连接器应用数量呈现增长态势。另一方面，人们对汽车在安全性、环保性、舒适性、智能化等方面的要求也越来越高，汽车电子产品的应用日益增加，未来汽车必将使用更多的电连接器，或将远远超过现今所使用的数量。汽车电连接器占电连接器产品市场规模的 15%左右，随着汽车行业的发展，汽车电连接器的占比还会呈上升趋势。

汽车行业使用的电连接器主要有线束端连接器、设备端连接器、一体化设备端连接器、安全约束系统连接器、数据传输连接器、高功率连接器及中央电气盒连接器等七大类。线束端连接器、设备端连接器及一体化设备端连接器的应用较为广泛，可应用于车灯控制、车窗控制、转向控制、制动控制、发动机控制、传动控制和传感器等，提供各种关键车载设备间的互联。安全约束系统连接器用于各种安全气囊，能在千钧一发之际保障乘客的安全。数据传输连接器提供导航地图信息、车内多媒体传输和倒车影像传输等功能。高功率连接器为车载电池、电动机等提供大电流的传输功能。中央电气盒具有电流过载保护功能，即有熔丝盒，同时能简化电连接器以及线束分布，大大减少电连接器数量和线束的复杂程度。图 1.7 为汽车电连接器。

图 1.7　汽车电连接器

另外，电连接器在医疗、通信及计算机等领域均有广泛应用。

1.4　光纤连接器组成及应用

1. 光纤简介

光纤是光导纤维的简称，是一种玻璃或塑料制成的纤维。利用全反射原理，光可在光纤中传导。光纤是双重构造，里面的核心部分是高折射率的玻璃，外面的包覆部分是低折射率的玻璃或塑料。光纤结构如图 1.8 所示。光在核心部分传输，并在表层交界处不断进行全反射，沿"之"字形向前传输。微细的光纤封装在塑料护套中，以避免光纤发生过度弯曲而断裂。通常光纤一端的发射设备使用发光二极管或一束激光将光脉冲传送至光纤；光纤另一端的接收设备使用光敏组件检测光脉冲。

光纤通常是横截面积很小的双层同心圆柱体，它质地脆、易断裂，因此需要外加保护层再投入使用。多数光纤在使用前必须由几层保护结构包覆，包覆后的缆线称为光缆。光缆外层的保护层(护套)可防止周围环境对光纤的伤害，如水、火、电击等。光缆外层护套通常由缆皮、芳纶丝、缓冲层和光纤等多层结构组成。光缆和同轴电缆相似，只是没有网状屏蔽层。

由于光在光纤中的传输损耗比电在电线中的传输损耗低得多，并且光纤的主要生产原料是硅，蕴藏量极大、较易开采、价格便宜，因此光纤成为长距离的信息传输工具。随着光纤价格的进一步降低，光纤也用于医疗和娱乐领域。

光纤主要分为两类：渐变光纤与突变光纤。前者的折射率是渐变的，而后者的折射率是突变的。另外光纤还分为多模光纤及单模光纤。

在多模光纤中，光纤芯的直径有 50μm 和 62.5μm 两种，大致与人头发的粗细相当。多模光纤使用的光波长多为 850nm。多模光纤可传输多种模式的光，但由于色散较大而限制了传输数字信号的频率，且随着距离的增加色散会更加严重。因此多模光纤传输的距离比较短，一般只有几千米。

单模光纤芯的直径为 8～10μm。单模光纤使用的光波长为 1310nm 或 1550nm。单模光纤模间色散很小，适用于远程通信。

单模光纤和多模光纤截面尺寸比较如图 1.9 所示。

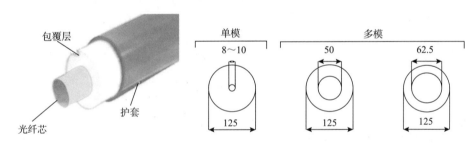

图 1.8　光纤结构　　　　图 1.9　单模光纤和多模光纤截面尺寸示意图(单位：μm)

一般单模光纤外观为黄色，多模光纤外观为橘红色。单模光纤外观如图 1.10 所示，多模光纤外观如图 1.11 所示。

图 1.10　单模光纤外观(见书后彩图)　　　图 1.11　多模光纤外观(见书后彩图)

2. 典型光纤连接器组成

在安装所有光纤系统时，都必须考虑以低损耗的方法把光纤或光缆相互连接起来，以实现光链路的接续。光链路的接续可以分为永久性的接续和活动性的接续两种。前者大多采用熔接法，后者一般采用光纤连接器。

国际电信联盟(International Telecommunication Union，ITU)将光纤连接器定义为"用以稳定地，但并不是永久地连接两根或多根光纤的无源组件"。光纤连接器能够实现光纤之间的活动连接，是光纤通信网络中用量最大的一种无源器件。光纤连接器的作用是将光纤与光纤、光纤与器件(包括有源器件、无源器件和光纤传感器)、光纤与仪表、光纤与系统连接在一起。只要有光纤的地方，就有光纤连接器。

光纤连接器多采用基于陶瓷插针、陶瓷适配器套筒的物理对接方式，在轴向压力下，借助高精度的陶瓷插针实现光纤之间的精准对接，如图1.12所示。

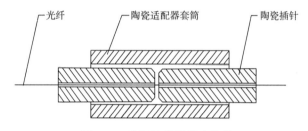

图 1.12 光纤连接器基本结构

绝大多数的光纤连接器均采用高精密组件，包括两个插针和一个适配器套筒，共三部分组成，实现光纤的对准连接。这种方法通过将光纤穿入且固定在插针中，并将插针表面进行研磨处理后，在适配器套筒中实现对准。插针的外组件采用金属或非金属的材料制作。插针的对接端需进行研磨处理，另一端通常采用弯曲限制构件来支撑光纤或光纤软缆以释放应力。适配器套筒一般是由陶瓷或青铜等材料制成的两瓣合成的、紧固的圆筒形构件，多配有金属或塑料法兰盘，以便光纤连接器的安装固定。为尽量精确地对准光纤，插针和适配器套筒的加工精度要求非常高。

光纤连接器广泛应用于光纤通信系统中，虽然其种类众多、结构各异，但各种类型的光纤连接器的基本结构相同。

3. 光纤连接器性能评价

评价光纤连接器性能，主要依据其光学性能，其次依据其互换性、拉伸强度、温度和插拔次数等性能。

1）光学性能

光纤连接器的光学性能指标主要有两个，即插入损耗和回波损耗。插入损耗（insertion loss）即连接损耗，是指光纤连接器的导入引起的光链路有效光功率的损耗。显然插入损耗越小越好，一般要求不大于 0.5dB。回波损耗（return loss，reflection loss）是指光纤连接器对光链路光功率反射的抑制能力，其典型值应不小于 25dB。实际应用的光纤连接器的插针表面经过专门的研磨处理，可以使回波损耗更大，一般不低于 45dB。

2）互换性

光纤连接器是通用的无源器件。同一类型的光纤连接器一般都可以任意组合使用，并可以重复多次使用，由此导入的附加损耗一般小于 0.2dB。

3）拉伸强度

光纤连接器的拉伸强度应不低于 90N。

4）温度

一般要求光纤连接器必须能够在 $-40\sim70℃$ 的温度范围内正常使用。

5）插拔次数

目前使用的光纤连接器一般都可以插拔 1000 次以上。

在光链路中，为了满足不同模块、设备和系统之间灵活连接的需要，必须有一种能在光纤与光纤之间进行可拆卸连接的器件，使光信号能按所需的通道进行传输，以实现和完成预定或期望的目的及要求，该器件就是光纤连接器。实质上，光纤连接器就是把光纤的两个端面精密对接起来，以使发射光纤输出的光能量最大限度地耦合到接收光纤中去，并使因其介入光链路而对系统造成的影响减到最小。这是对光纤连接器的基本要求。在一定程度上，光纤连接器的质量影响光传输系统的可靠性和各项性能指标。

4. 常见光纤连接器种类

光纤连接器种类繁多，按连接器接头型式可分为 ST、SC、FC 等。其中，ST 为卡接式（stab and twist）圆形接头，通常用于布线设备端；SC 为卡接式方形连接器（square connector），通常用于网络设备端；FC 为圆形带螺纹连接器（ferrule connector）。按光纤芯数，光纤连接器还有单芯连接器和多芯连接器之分。图 1.13 为常见光纤连接器。

光电转换型光纤连接器是近年来兴起的一种光纤连接器，它是光电转换技术和连接器技术相结合的成果。光电转换型光纤连接器突破了无源器件这一范畴，是一种集成化的有源器件。其一端为电连接器接口，另一端为光纤连接器接口，在壳体内部集成光电转换芯片，将输入的电信号转换成光信号，再耦合到输出端的光纤中[2]，如图 1.14 所示。

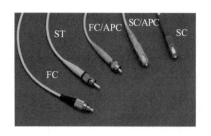

图 1.13　常见光纤连接器

图 1.14　光电转换型光纤连接器

5. 光纤连接器应用

目前的光纤连接器大多使用直径 2.5mm 的陶瓷插针。为了适应光纤接入网的发展要求和光系统设备集成化的发展态势，科研人员已经研发生产出了小型光纤连接器，其插针直径减小到 1.25mm，以满足光缆密度和光纤配线架上光纤连接器密度不断增大的需求。此外，为适应带状光纤的应用，国外厂商已研制出 2 芯、4 芯、6 芯、8 芯、12 芯光纤连接器以满足光通信网络市场对光纤连接器多元化的要求[3]。下面是几种典型的光纤连接器及其应用。

1）FC

FC 采用金属螺纹连接结构和外径 2.5mm 的精密陶瓷插针，根据其插针端面形状，它分为球面接触的 FC/PC（physical contact，物理紧密接触）和斜球面接触的 FC/APC（angle physical contact，斜面物理接触）两种结构。FC 型光纤连接器是目前世界上使用量最大的品种，也是中国采用的主要品种。图 1.15 为 FC。

2）SC

SC 是一种模塑插拔耦合式单模光纤连接器，同样采用直径 2.5mm 的精密陶瓷插针，端面处理采用 PC 或 APC 型研磨方式，紧固方式为插拔销闩式。此类光纤连接器价格低廉、插拔操作方便、接入损耗波动小、抗压强度较高、安装密度高。图 1.16 为 SC。

图 1.15　FC

图 1.16　SC

3) ST 型光纤连接器

ST 型光纤连接器采用带键的卡口式锁紧结构和直径 2.5mm 的精密陶瓷插针，插针的端面通常为 PC。图 1.17 为 ST 型光纤连接器。

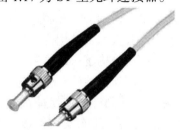

图 1.17   ST 型光纤连接器

目前，全世界共有 70 多种光纤连接器，并且新品种还在不断出现。与电连接器相同，不同结构的光纤连接器的应用范围也有所不同。例如，FC 主要用于光缆干线系统，其中 FC/APC 型光纤连接器用在要求有较高的回波损耗的场合，如有线电视(cable television，CATV)网等；ST 型光纤连接器和 SC 则广泛用于光纤接入网和局域网中，其优点是接入损耗小、便于安装且稳定性高；对于短距离(≤20km)信号传输，因为其精度要求不高，所以较多采用 ST 型光纤连接器等成本较低的光纤连接器，且多用于多模系统。

光纤连接器在军事装备领域同样有着重要应用。美国 F/A-18、F-35 战机均采用光纤传输技术，在红外制导、视频监控系统中都使用光纤连接器。另外，光纤连接器在卫星和空间站上也都得到了应用。

总之，为保证光纤连接器的正常使用，要考虑光纤连接器的光学性能、互换性、力学性能和环境性能。在光学性能方面，一般要求插入损耗应不大于 0.5dB，回波损耗典型值应不小于 25dB。同一类型的光纤连接器可以任意组合使用，并可以重复多次使用，由此导入的附加损耗一般都小于 0.2dB。另外，光纤连接器的拉伸强度应不低于 90N，必须能够在–40～70℃的温度下正常使用，可插拔 1000次以上等。

1.5   通用连接器发展趋势

总体上看，连接器技术的发展呈现出如下特点:信号传输的高速化和数字化、多种类信号传输的集成化、产品的高密度/小型/低成本化、接触件端接方式表面贴装化、模块组合化、插拔便捷化等。以上技术代表了通用连接器技术的发展方向。但需要说明的是，上述技术并不是所有连接器都必需的，不同配套领域和不同使用环境的连接器对以上技术的需求点可能完全不一样。

高性能新材料及新的加工制作工艺的应用是实现连接器高密度和小型化、微型化发展的前提。高弹性接触件材料、线簧材料、耐环境工程塑料等新型金属/非金属材料及新的专业工艺技术、微细加工和制造技术、自动化综合测试技术、特殊环境条件下的加固技术和实验技术、结构优化设计技术、可靠性设计技术、混合结构设计技术等的应用，将使结构越来越复杂、功能越来越强大、体积越来越小、接触件密度越来越高的新型连接器的产生成为可能。在此前提下，连接器接触件的中心距可以变得更小，而同样的绝缘体截面上可排布的接触件的数量相对更多，即可通过接触件的高密度排布实现连接器的小型化。这对特定领域的应用具有重要意义，如特殊军用场合要求电连接器中心距达 0.25~0.38mm，高度要小到 1.0~1.5mm。现代新型计算机数据总线要求电连接器具有高芯数接触件；高密度军用印刷电路板电连接器接触件总数可达 684 芯，特殊场合最多可达 5000 芯。

新型复合材料在连接器加工中的应用可以使连接器在重量更轻的同时强度更高，而且使连接器耐腐蚀、耐老化等耐恶劣工作环境的能力更强，性能更加可靠。

采用模块化理念设计的连接器不仅使连接器的安装和使用具有多样性与灵活性，而且可节省大量安装空间，可维护性也得到大大提高。

参 考 文 献

[1] 杨奋为. 连接器常规电性能检验技术研究[J]. 机电元件, 2001, 21(2): 30-37.

[2] 李华强. 军用光纤连接器技术近期发展动向[J]. 光器件, 2015(3): 21-23.

[3] 王雪萍, 饶庆和. 光纤连接器在工程中的应用[J]. 中国水运, 2006, 4(11): 140-141.

2

水密连接器概述

第 1 章对一些常用连接器进行了简要的论述和介绍,使我们对常用连接器的种类、功能和应用情况有了一定的了解。但正如第 1 章开篇所陈述的那样,本书关注的主要内容是水密连接器,又以水密电连接器为主要关注对象。

本章以水密连接器为主,重点介绍水密电连接器的种类、结构、性能指标及应用情况。此外,对水密电连接器产品进行介绍和剖析。在水密电连接器产品方面,以国外知名水密连接器厂商的知名品牌水密电连接器产品为主,兼顾国内相关单位的水密电连接器产品的介绍。当然,除水密电连接器之外,还包括水密光纤连接器及水下插拔连接器等方面内容。总之,希望对水密连接器的介绍和阐述,能够对海洋机器人、海洋工程技术及其相关领域的工程技术人员有所帮助。

2.1 水密连接器基础

地球表面海洋面积约为 3.6 亿 km^2,约占地球表面积的 71%。海洋是生命的发源地,也是人类社会赖以生存的重要物资源泉。海洋蕴藏着大量的矿产资源、生物资源以及油气资源等,其资源和能源储量远高于陆地,是名副其实的资源和能源宝库。目前人类已探索的海底十分有限,还有广袤的海底空间尚未探索。

人类对更深更广的海洋领域研究与开发利用的脚步从未停止,人力物力的投入也越来越大,强有力地推动了海洋科技的发展。在这一进程中,许多用于水下勘探、开发、科学研究的仪器及设备应运而生,其中水密连接器作为广泛应用的关键元器件之一,起到了不可或缺的作用。

顾名思义,水密连接器是一种能够在水下环境使用、肩负接续电源及传输信号等使命的连接器。显而易见,水密连接器的应用环境与第 1 章介绍的通用连接器的应用环境存在巨大的差异。实际上,水密连接器在海洋资源开发与利用,尤其是海洋石油和天然气开发与利用、海洋相关科学研究、海难/失事船只救援及国防军事等领域，均有着十分广泛的应用。图 2.1 为水密连接器在海洋石油与天然气开发领域的应用场景。另外，水密连接器在各式水下机器人及其他海洋技术装备上更是不可或缺。

图 2.1　水密连接器在海洋石油与天然气开发领域的应用

　　水密连接器种类繁多，型式多样，功能及应用领域也各不相同。水密连接器肩负的使命任务与通用连接器基本相同，但完成这些使命任务的方式方法却有其自身鲜明的特点，这些特点体现在水密连接器的结构设计、构成材料、加工工艺及检测试验方法等各个方面。

　　水密连接器是各种水下机器人上应用广泛的关键基础部件之一。水下机器人又称潜水器，常见潜水器可分为载人潜水器(human occupied vehicle，HOV)和无人潜水器(unmanned underwater vehicle，UUV)。图 2.2(a)和(b)分别为我国自行研制的 7000m 蛟龙号及 4500m 深海勇士号载人潜水器。

(a)蛟龙号

(b)深海勇士号

图 2.2 载人潜水器(见书后彩图)

无人潜水器有很多种类,包括有缆遥控潜水器(remotely operated vehicle, ROV)、无缆自主潜水器(autonomous underwater vehicle, AUV)及水下滑翔机(sea glider)等, 如图 2.3 所示。

迄今,无论是载人潜水器还是无人潜水器,下潜深度均已实现了全海深,即超过了 10000m。相应地,水密连接器的工作水深也必须超过 10000m。实际上,水密连接器的应用也已经覆盖了全海深。

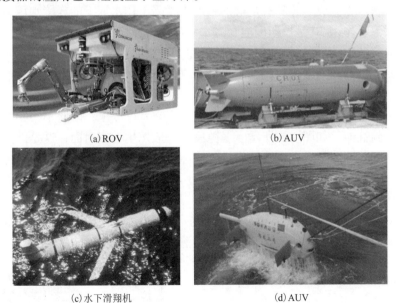

(a)ROV   (b)AUV

(c)水下滑翔机   (d)AUV

图 2.3 无人潜水器(见书后彩图)

1. 水密连接器基本组成

水密连接器一般由水密插头和水密插座两部分组成,且配对使用。与通用连接器一样,水密连接器也由连接器壳体、绝缘体、接触件三大基本结构及系列附件构成。只是由于使用环境的特殊性,水密连接器各组成部分有其自身的特定要求。图 2.4 是一些常见的水密连接器。

图 2.4   常见水密连接器

　　水密连接器的壳体通常都由不锈钢、钛合金、铝合金或铜合金等耐海水腐蚀的金属材料加工而成，并具有足够的强度来承受工作水深下的环境水压力。对于长期在水下工作，尤其是长期浸泡在海水中的水密连接器(如在海底观测网上应用的水密连接器)，壳体材料的耐腐蚀性能尤为重要。

　　水密连接器长期浸泡在海水中，其金属壳体表面会与海水发生电化学反应导致腐蚀。常见的腐蚀形式有两种：一种是点蚀或称坑蚀；另一种是缝隙腐蚀。点蚀通常不会发生在金属壳体的密封面上而发生在其表面上，因此不会影响水密连接器的密封性能，如图 2.5 所示。缝隙腐蚀一般发生在密封面，这是因为密封面间的配合间隙刚好适合产生缝隙腐蚀。缝隙腐蚀一般出现在密封面的局部区域，形成局部或部分连片腐蚀沟槽，如图 2.6 所示。缝隙腐蚀危害较大，最终会导致水密连接器的水密性失效而无法正常工作[1]。对于短期在海水中工作的水密连接器，如 ROV、AUV 等水下机器人上使用的水密连接器，上述腐蚀对其影响很小，只要每次作业后回到母船上，用淡水彻底清洗，基本不受影响。

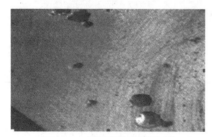

图 2.5   金属壳体表面点蚀

图 2.6   金属壳体缝隙腐蚀

通用连接器的绝缘体材料也可用于水密连接器的绝缘体加工，但要求它有更小的吸水率、更高的尺寸稳定性、更高的绝缘性且适合模压或注塑成型加工等。常用的水密连接器绝缘体材料有氯丁橡胶(chloroprene rubber，CR)、环氧树脂及PEEK 等。

水密连接器的接触件包括插针和插孔，采用导电性能良好的弹性铜合金材料机械加工而成。由于镀金接触件具有优良的耐腐蚀性、耐磨损性和低的接触电阻，水密连接器接触件大多采用镀金工艺进行表面处理。

水密连接器必须具备高可靠的水密性能。水密性能是水密连接器能够在水下正常工作的基本要求和关键保证。O 形橡胶密封圈是水密连接器中应用最广泛的密封元件。根据工作水深和密封部位的不同，水密连接器通常需要一个或多个不同规格和尺寸的 O 形橡胶密封圈来实现密封。O 形橡胶密封圈多采用丁腈橡胶制作，也可采用氟橡胶等橡胶材料制作。相比氟橡胶，丁腈橡胶制作的 O 形橡胶密封圈经济性更好。

水密连接器常用的密封方式有径向密封和轴向密封两种。某一类型的水密连接器可以采用单一的轴向密封或单一的径向密封，也可以两种密封方式组合使用。当然，并不是所有的水密连接器都采用 O 形橡胶密封圈来实现密封性能，其他密封方式在后续的内容中会加以介绍和说明。

2. 水密连接器基本分类

目前，水密连接器在国内无统一分类标准。在实际应用中，水密连接器通常有如下几种分类方法。

(1)按水密连接器的功能分类，如图 2.7 所示。

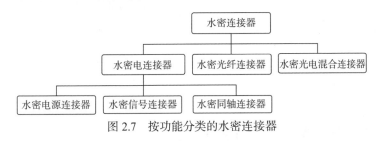

图 2.7　按功能分类的水密连接器

(2)按水密连接器的插拔方式分类，如图 2.8 所示。

图 2.8　按插拔方式分类的水密连接器

(3)按水密连接器的加工工艺分类，如图 2.9 所示。

图 2.9　按加工工艺分类的水密连接器

　　另外，按水密连接器的工作水深分类也是常见的分类方法。水密连接器的工作水深也是水密连接器选型时的重要参数之一。水密连接器的芯数系列十分丰富，从单芯到百芯以上。

　　在应用时选择合适芯数的水密连接器也很重要，不仅要考虑满足需求，还要适当考虑冗余，以备失效回路的替代及满足系统后续的扩展或二次开发等需求。因此，芯数是水密连接器最基本的特征参数。

　　水密连接器的结构及安装型式多种多样，以适应不同的应用场合及使用环境。就水密插座而言，有法兰式及穿壁式等；就水密插头而言，有直式及直角式等。图 2.10 为直式水密插头与法兰式水密插座；图 2.11 为直角式水密插头与法兰式水密插座。

图 2.10　直式水密插头与法兰式水密插座　　　图 2.11　直角式水密插头与法兰式水密插座

　　上面对水密连接器的基本组成及分类进行了简要介绍，相关内容在后续章节中还会有更具体的阐述。

2.2　水密连接器国内外现状

　　水密连接器最早是由美国 Marsh & Marine 公司在 20 世纪 50 年代初推出的，其结构为橡胶模压式。20 世纪 60 年代后期，为配合著名的"深海开发技术计划"，美国成功研制了工作水深 1800m 的大功率水下电源及信号连接器。1980 年后，随着水下设备的大量应用，对动力、控制信号的传输要求越来越高，水密连接器技术也得到了进一步的发展和提高。国外有关水密连接器及其相关技术的研发得到持续推进，新型水密连接器产品不断推出，以满足新的、更高端的应用需求。目前，国外水密连接器已能够满足全海深应用需求。对于水密电连接器、水密光纤连接器、水密光电混合连接器，以及技术及结构更加复杂的水下插拔连接器，国外均已实现标准化、系列化、规模化生产。世界范围内研制、生产、销售水密连接器的著名厂商多达数十家，主要集中在欧洲、美国等发达地区及国家。水密连接器产品系列超过百种，现已发展成为一个相当成熟的产业。

国内水密连接器研制及生产起步较晚，无论是水密连接器的设计技术，相关新材料、新工艺研发方面，还是水密连接器生产、检验，以及水密连接器相关技术规范、标准制定方面，均与国外有很大差距。因此，在水密连接器研发及生产领域，尤其是在高端水密连接器技术领域，我国尚处于起步或跟跑阶段，还有相当长的路程需要追赶。近年来，随着我国海洋强国战略的实施与推进，水密连接器的应用越来越广泛、需求越来越高，使得国内自主研制与生产水密连接器的步伐大大加快，已经取得了可喜的成绩。

1. 国外水密连接器现状

经历了几十年的发展，国外的水密连接器已经形成一个完整的产业，整个产业发展链条清晰、成熟并趋于完善，且已经进入标准化、系列化、规模化生产轨道。国外知名的水密连接器生产商包括美国的 Teledyne ODI、Teledyne Impulse、SubConn、SEACON、BIRNS、Underwater Systems 及德国的 GISMA、JOWO 等公司。

水密连接器的生产涉及众多新材料、新工艺及专利技术，新工艺及专利技术大多为上述国外知名水密连接器生产商所拥有。在专用的橡胶材料、非金属绝缘材料与金属壳体间高强度黏接技术、连接器性能检测试验技术等水密连接器相关主要材料及技术方面，国外公司均具有巨大优势。

水密连接器性能检测试验对水密连接器的质量稳定性及性能可靠性具有重要意义。例如，美国 SEACON 公司在水密连接器检测设备方面持续不断地投入资金，完善各种水密连接器检测试验条件的建设。SEACON 公司能够开展几乎所有水密连接器检测试验项目，包括：

(1)电性能检测；

(2)光性能检测；

(3)充油压力补偿式水密光纤连接器清洁性能检测；

(4)零件清洁检测；

(5)环境试验；

(6)压力试验；

(7)寿命试验；

(8)力学性能试验；

(9)黏接性能试验；

(10)破坏性试验；

(11)截面分析试验；

(12)压力环境下的湿插拔试验；

(13)混浊砂/泥浆环境试验；

(14)机械振动/颤振试验。

只有经过严格的、全面的检测试验，水密连接器的质量及性能才能够得到保证，才能够生产出高质量、高性能、高可靠性的水密连接器产品。而国内在水密连接器检测试验方面，虽然在技术上有了很大的改进与提高，但在检测范围和系统性方面，与国外的先进产品仍存在一定差距。图 2.12 是 SEACON 公司部分水压模拟检测试验设备。

图 2.12　SEACON 公司部分水压模拟检测试验设备

另外，技术含量高、结构复杂、工艺先进的高端水密连接器产品，如水下插拔连接器，国外技术优势更加明显，并形成绝对垄断。世界上只有少数的公司能够生产水下插拔连接器。目前市场上应用较为广泛的水下插拔连接器主要来自美国 Teledyne ODI 公司、SEACON 公司及德国 GISMA 公司。

国外水密连接器相关技术，尤其是水下插拔连接器相关技术，对外严格限制，处于垄断地位。水密连接器产品价格昂贵、供货周期长且进口受到诸多限制。

总体上讲，国外水密连接器及水密电缆产品规格多、种类齐全、对接结构型式多样、机械使用寿命长、性能稳定、质量可靠、工作水深涵盖全海深，可满足各种全海深范围内应用。而大工作水深、高密度、大功率、低成本、小体积及多芯混合型水密连接器成为发展趋势。尽管如此，国外水密连接器在使用过程中出现故障及失效的情况也时有发生，对国外产品也不可盲目信任。

1)SEACON 公司及其水密连接器

美国 SEACON 公司成立于 1964 年，在美国加利福尼亚州及得克萨斯州设有工厂，在欧洲的挪威和英国及北美洲的墨西哥也均设有工厂，是世界上最大的水密电连接器及水密光纤连接器生产商。SEACON 公司在水密连接器及水下系统集成领域在世界范围内具有优势，其系列水密连接器产品多达 2000 余种，通过世界各地的经销商和代理机构销往全世界。

SEACON 水密连接器种类比较齐全，包括干插拔水密电连接器、湿插拔水密电连接器、水密光电混合连接器、水下插拔电连接器、水下插拔光纤连接器、光/电水密穿壁件、可现场装配制作的水密连接器、水下以太网水密连接器、水下防爆水密连接器以及特种水密连接器等。

SEACON 干插拔水密电连接器包括橡胶模压成型系列(Rubber Molded Series)水密电连接器、55 和 66 系列水密电连接器、小型系列(Minicon Series)水密电连接器、微小型系列(MicroMinicon Series)水密电连接器、金属壳系列(Metal Shell Series，MSS)水密电连接器等。其中，橡胶模压成型系列水密电连接器是利用橡胶模压硫化工艺加工而成的水密电连接器；55 和 66 系列水密电连接器是金属壳体结合橡胶模压硫化工艺加工而成的水密电连接器；小型系列和微小型系列水密电连接器是小直径、大密度及高耐压的水密电连接器；金属壳系列水密电连接器是一体化模压绝缘体与金属壳体装配而成的水密电连接器。

SEACON 湿插拔水密电连接器包括 ALL WET 系列水密电连接器、WET-CON 系列水密电连接器、MICRO WET-CON 系列水密电连接器、MICRO WET-CON SPLIT 系列水密电连接器、SEA-MATE 系列水密电连接器及 U-MATE 系列水密电连接器等。

SEACON 水密连接器还包括水密光纤连接器、水下插拔连接器及特殊种类水密连接器等，这里不一一列举，其常用的水密连接器在后面章节中会有更多介绍。

2) SubConn 公司及其水密连接器

美国 SubConn 公司是全球著名的水密连接器生产商，其产品设计秉承简洁、坚固及成本效益原则，在全球范围内得到广泛应用。SubConn 水密连接器由丹麦 MacArtney 水下科技公司负责在全球范围内销售。MacArtney 水下科技公司是一家在世界范围内的广泛领域(如海洋石油与天然气开采、海底勘测、海洋科学研究、潜水及海军)提供水下技术解决方案的公司，涵盖设计、制造、销售及服务各个方面。

SubConn 水密连接器最具代表性和最易识别的特征，就是其红色的接插件连帽。SubConn 水密连接器经历了数十年的实际应用，经受了严苛的海洋环境检验。SubConn 水密连接器产品包括圆形系列(SubConn Circular Series)水密电连接器、扁平系列(SubConn Low Profile Series)水密电连接器、金属壳系列(SubConn Metal Shell Series)水密电连接器、电源系列(SubConn Power Series)

水密电连接器、以太网系列(SubConn Ethernet Series)水密电连接器、同轴电缆系列(SubConn Coax Series)水密连接器、特种(SubConn Specials)水密连接器、水密穿壁件系列(SubConn Penetrator Series)以及水密连接器用水密电缆(SubConn Cable)等。SubConn水密连接器以湿插拔的橡胶体水密连接器为主，该类连接器也是本书重点介绍内容之一。SubConn其他类型的水密连接器在后续章节中也会提及。

3)BIRNS公司及其水密连接器

美国BIRNS公司成立于1954年，在世界范围内的高性能水密连接器设计及生产领域占据重要地位。

BIRNS水密连接器产品系列众多，主要的产品系列有：千禧系列(Millennium Series)水密连接器，涵盖的产品有微型、同轴及光纤水密连接器；金属壳系列(Metal Shell Series)水密连接器，涵盖的产品为重型水密连接器，也是BIRNS公司最先进的水密连接器；橡胶模压成型系列(Rubber Molded Series)水密连接器，涵盖的产品为低成本的基本型水密连接器；湿插拔系列(Aquamate Series)水密连接器，涵盖的产品为可在潮湿及水下环境插拔的水密连接器。

2. 国内水密连接器现状

国内水密连接器技术研究及产品生产起步较晚，涉足该领域的企业和科研单位数量有限。研制及生产的水密连接器多为基础型连接器，且生产规模和产量也都有限，无专门从事水密连接器研发和生产的单位。国内对水密连接器的需求较大，尤其是近十年，呈现逐年递增的趋势。而解决的途径基本上是依赖进口的水密连接器，国内生产的水密连接器所占份额很小。即使有国内水密连接器产品可供选择，但在种类、规格等方面与国外产品还有一定差距，这种局面在短时间内还将持续。

目前，国内涉足水密连接器研制及生产的企业和单位主要有中国科学院沈阳自动化研究所、中国电子科技集团公司第二十三研究所、中天海洋系统有限公司、四川海洋特种技术研究所、航空工业沈阳兴华航空电器有限责任公司和中航光电科技股份有限公司等。上述企业和单位在水密连接器研制及生产方面各有特色，但总体上看，目前国内水密连接器研究及生产领域的总体技术水平与欧美等发达国家及地区尚有一定差距。

近年来，随着海洋强国战略的实施及国家高技术研究发展计划(简称863计划)的大力支持，以及有关单位自身的不懈努力，国内水密连接器研制及生产呈现出了崭新的局面，主要表现为：自主研制及生产的水密连接器系列、型号及规格逐渐丰富；水密连接器性能、质量均得到稳步提升；水密连接器生产工艺水平不断提高，规模不断扩大，赶超国外同类产品的步伐明显加快。

　　中国科学院沈阳自动化研究所、中国电子科技集团公司第二十三研究所等单位在常规水密电连接器方面积累了丰富经验。其中，中国科学院沈阳自动化研究所目前已能够批量生产橡胶体及金属壳两大系列、多种型式的数十种规格水密电连接器产品，并提供给国内众多科研及海洋工程项目使用。中国电子科技集团公司第二十三研究所在水密电连接器、水密光纤连接器及玻璃烧结水密连接器等方面的研发及生产也很有特色，其产品在广泛的领域内均获得了很好的应用。

　　中国科学院沈阳自动化研究所是中国科学院下属科研机构，在先进制造和智能机器、机器人学应用基础研究、工业机器人产业化、水下机器人、特种机器人、工业数字化控制系统、无线传感与控制技术、新型光电系统等领域均具有技术领先优势，也是国内最早从事水下机器人及水密连接器研制及生产的单位。经过几十年的发展，现已开发出了水密电连接器、水密同轴连接器、橡胶体分瓣式水密电连接器及水下插拔电连接器等几十种水密连接器，已初步形成了批量生产能力，并为国内众多用户提供了水密连接器产品与技术支持。2003 年，中国科学院沈阳自动化研究所完成了高强度金属壳系列水密电连接器研制工作，开发了 7 种规格、工作水深达 1000m 的水密电连接器，使原有水密连接器的质量稳定性及性能可靠性均得到大幅提升。图 2.13～图 2.16 是中国科学院沈阳自动化研究所研制的部分金属壳系列水密电连接器。

图 2.13　金属壳 4 芯水密电连接器

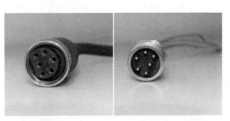

图 2.14　金属壳 6 芯水密电连接器

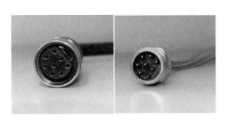

图 2.15　金属壳 8 芯水密电连接器

图 2.16　金属壳 16 芯水密电连接器

　　2014 年，中国科学院沈阳自动化研究所圆满完成 863 计划"深海水密电缆接插件工程化技术"项目研究工作，对水密连接器工程化相关技术进行了深入研究，同时开发了橡胶体和金属壳两个系列、工作水深达 7000m 的 10 余种规格的水密电连接器。上述 863 计划项目的圆满完成，进一步提升了水密连接器生产工艺水平、性能检测手段及产品质量。部分水密连接器技术水平接近或达到国外同类产品水平。图 2.17～图 2.20 分别是中国科学院沈阳自动化研究所生产的部分橡胶体系列水密电连接器。

图 2.17　橡胶体 3 芯水密电连接器

图 2.18　橡胶体 4 芯水密电连接器

图 2.19　橡胶体 8 芯水密电连接器

图 2.20　橡胶体 12 芯水密电连接器

2015 年，中国科学院沈阳自动化研究所研制出两种规格的橡胶体分瓣式水密电连接器，芯数分别为 2/8 及 4/24。图 2.21 及图 2.22 分别为 2/8 芯及 4/24 芯橡胶体分瓣式水密电连接器。

图 2.21　2/8 芯橡胶体分瓣式水密电连接器

图 2.22　4/24 芯橡胶体分瓣式水密电连接器

2016 年，中国科学院沈阳自动化研究所又成功研制出结构复杂、工艺要求高、采用充油压力补偿技术的水下插拔电连接器，攻克了水密连接器领域高端产品的多项关键技术，并实现了全部国产化，如图 2.23 所示。

图 2.23　水下插拔电连接器

中国电子科技集团公司第二十三研究所是国内最大的光电信息传输、连接器及组件、光纤、光缆、光器件、光纤传感器、光电传输系统及线缆专用设备研究、开发和批量生产的科研生产实体。其水密连接器产品包括同轴水密连接器、多芯水密电连接器及水密光电混合连接器等。2011 年，在 863 计划"深海关键技术与装备"项目的支持下，该所开展了"M 系列深海水密电缆接插件开发"项目研究工作，突破了水密连接器耐 70MPa 水压技术；2011 年，该所参加上海市科研计划"东海海底观测关键技术研究"项目，开展了海底观测网关键部件、通用低压接驳盒用光电混合接插件即插即用技术研究；2012 年，该所与江苏中天科技股份有限公司共同参加科技部海底观测网试验系统的"深海光电复合电缆与湿插拔接口技术研发"项目研究工作，取得了系列水密连接器技术成果。图 2.24 是中国电子科技集团公司第二十三研究所生产的部分水密连接器产品。

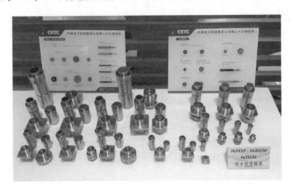

图 2.24　中国电子科技集团公司第二十三研究所生产的部分水密连接器产品

航空工业沈阳兴华航空电器有限责任公司和中航光电科技股份有限公司是国内大型航空连接器生产企业。近年来对水密连接器的关注及投入不断增加，对水密连接器的研制及生产有所涉足。该两企业具有良好的航空连接器研发及生产基础，因此进入水密连接器的研究与生产不久，便取得了可喜成果。但水密连接器与航空连接器毕竟是两个区别较大的连接器领域，在材料、技术、工艺、检验及生产设备等各环节均有较大差异，故想要在水密连接器领域取得与航空连接器领域同样的辉煌，两家公司还要投入更多的资金及人力资源。

水密连接器除在海洋石油与天然气资源开发领域具有广泛需求及应用外，在海难及沉船救助打捞、港湾工程、水下机器人、海底观测网以及国防军工领域均有广泛应用及重大需求。国内水密连接器因存在应用需求，正在形成一个巨大的潜在市场，有着广阔的发展前景。目前，国内应用的水密连接器产品大多为进口产品，国产水密连接器所占比例很小。在大深度水密连接器领域，国内生产的水密连接器最大工作水深为7000m，大于此深度直至全海深应用的水密连接器全部需要进口。在高端水密连接器领域，更是难觅国产产品的踪影。另外，与生产水密连接器紧密关联的专用橡胶材料、高强度绝缘体材料的研究，金属与非金属材料间高强度黏接工艺技术、高致密橡胶硫化工艺技术及高致密环氧树脂灌封工艺技术等关键技术的研究，连接器性能检测试验方法及仪器、设备的研究等，国内外差距较大。随着国家对上述技术领域的投入不断加大，企业及科研单位参与的积极性增强，极大地促进了国内水密连接器相关技术水平的提升。

综上所述，国外水密连接器的研究与发展已经非常深入和成熟，并且掌握了核心技术。国内水密连接器则处于起步和发展阶段，关键材料、关键工艺、关键技术等制约水密连接器领域发展的诸多瓶颈有待进一步突破。只要我们持续不断地加大投入、潜心研究，协调并整合好国内水密连接器研发及生产力量，就一定能够在不远的将来建立起专业的、规模化的、有自主特色的水密连接器研发及生产体系，实现由跟跑到并跑直至领跑，逐步以国内生产的水密连接器产品替代进口产品。

参 考 文 献

[1] 张强. 金属水密连接器海水腐蚀研究[C]. 2012 船舶材料与工程应用学术会议, 敦煌, 2012: 194-198.

3

常用水密连接器

水密连接器广泛应用于海洋科学研究、海洋勘探与开发、海洋石油与天然气开采以及国防军工等众多领域。按插合方式分类，水密连接器可分为干插拔水密连接器、湿插拔水密连接器及水下插拔连接器；按功能分类，水密连接器可分为水密电连接器、水密光纤连接器及水密光电混合连接器；按结构分类，水密连接器可分为金属壳体与绝缘体装配式水密连接器、橡胶模压成型水密连接器及玻璃烧结水密连接器。每种类别的水密连接器都具有各自鲜明的结构特征、工艺和材料特征及应用特点。它们的应用领域既有交叉又各有侧重，构成了水密连接器丰富多彩的大家族。

3.1 干插拔水密电连接器

干插拔水密电连接器的水密插头和水密插座的插合与分离过程是在空气中完成的。干插拔水密电连接器的插头与插座各自都是水密结构设计，但两者不具备水下或"湿"环境下插拔的功能。实际上，干插拔水密电连接器插合前，连接器安装表面应进行彻底清洁、干燥，不能有固体及液体污染物；接触件也应处于干燥状态，配合的橡胶材料表面及 O 形橡胶密封圈表面应均匀涂抹少许硅脂润滑。一句话概括干插拔水密电连接器的使用特点是：水上插拔、水下工作。

3.1.1 干插拔水密电连接器构成

干插拔水密电连接器的构成有多种型式，其中两种典型构成型式分别是橡胶模压成型和绝缘体装配式。例如，美国 SEACON 公司的橡胶模压成型系列水密电连接器、小型和微小型系列水密电连接器、金属壳系列水密电连接器以及 55 和 66 系列水密电连接器等，均属于干插拔水密电连接器。相对于湿插拔水密电连接器和水下插拔电连接器而言，干插拔水密电连接器通常采用接触件的整体密封型式。

同时，由于水密插头和水密插座的插合与分离过程是在空气中完成的，有利于操作人员的观察与操作，一定程度上提高了水密电连接器使用的可靠性。下面对干插拔水密电连接器的两种构成型式分别加以介绍。

1. 橡胶模压成型干插拔水密电连接器构成

图 3.1 为 6 芯金属壳橡胶模压成型干插拔水密电连接器。该水密电连接器由 6 芯针型穿壁式水密插座与 6 芯孔型直式水密插头组成。图 3.2 为 6 芯针型穿壁式水密插座结构。

图 3.1　6 芯金属壳橡胶模压成型干插拔水密电连接器

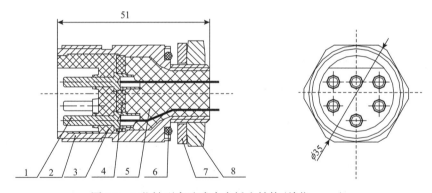

图 3.2　6 芯针型穿壁式水密插座结构（单位：mm）

1-插针；2-插座壳体；3-内硫化橡胶体；4-支撑块；5-环氧树脂灌封体；6-O 形橡胶密封圈；7-平垫圈；8-连接螺母

水密插座由插针、插座壳体、内硫化橡胶体、支撑块、环氧树脂灌封体、平垫圈、连接螺母及 O 形橡胶密封圈等组成。其中，插针由铅黄铜等金属材料加工而成，且表面镀金处理；支撑块由绝缘性能良好的环氧树脂棒等非金属材料加工而成，上面加工插针安装孔，安装孔的位置按接触件型谱排布要求设计，具有同样的位置精度，用于插针在插座壳体内的定位安装。插座壳体通常由 316L 不锈钢材料加工而成，也可由钛合金、铝合金等材料加工。插座壳体前后两端分别加工外螺纹。插座壳体前端的外螺纹用于连接器插合时，与水密插头上的锁紧螺母连接，使水密插头与插座联锁为一体并提供足够的轴向预紧力。插座壳体后端的外螺纹用于水密插座在密封舱上的安装。连接螺母用于在密封舱内侧固定水密插座。该安装方式下，密封舱上水密插座安装孔为光孔。当密封舱壁厚允许将安装孔加工成螺纹孔时，还可将水密插座通过尾部螺纹直接连接到密封舱上，而不必使用连接螺母背面锁紧。上述水密插座的安装方式通常称为穿壁式。O形橡胶密封圈用于穿壁式安装时水密插座与密封舱间的密封。

当插针安装到支撑块上并一起装配在插座壳体时，首先按环氧树脂灌封工艺要求，完成插座环氧树脂灌封体的浇注成型；其次按橡胶硫化工艺要求，利用模具在平板硫化机上完成插座内硫化橡胶体的模压成型。经硫化工艺后，插针与硫化橡胶成为一体，形成水密插座的绝缘体，并以较高的黏接强度附着在插座壳体的内腔。内硫化橡胶体为氯丁橡胶，形成了插针与插针间及插针与插座壳体间的绝缘屏蔽层。图3.3为水密插座内硫化橡胶体在模具内模压成型示意图。

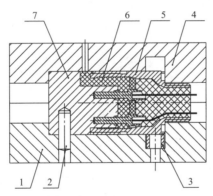

图 3.3　水密插座内硫化橡胶体的模压成型示意图
1-下模；2-圆柱销；3-垫块；4-上模；5-水密插头；6-内硫化橡胶体；7-模芯

图3.4为6芯孔型直式水密插头结构。它由锁紧螺母、插孔、内硫化橡胶体、外硫化橡胶体、插头壳体及弹性挡圈等零部件组成。锁紧螺母由316L不锈钢材料加工而成，用于插合时与水密插座的连接。锁紧螺母的圆柱壁上开有两个小圆孔，用于排水及观察水密插头与水密插座插合时插头与插座端面是否插合到位。锁紧螺母后面的弹性挡圈用于水密插头与水密插座分离时为锁紧螺母提供支撑，借助锁紧螺母与水密插座外螺纹的分解产生的轴向推力将水密插头与水密插座分离。通常在锁紧螺母和弹性挡圈之间还可以增加一个非金属(如聚四氟乙烯)减摩垫圈，用以减小锁紧螺母旋转分离时与弹性挡圈之间产生的摩擦阻力。插头壳体由316L不锈钢材料加工而成，对插孔起到屏蔽保护作用，并对内外硫化橡胶体起到

支撑作用。插孔由铍青铜加工而成并经过表面镀金处理。

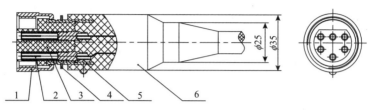

图 3.4　6 芯孔型直式水密插头结构(单位：mm)

1-锁紧螺母；2-插孔；3-内硫化橡胶体；4-弹性挡圈；5-插头壳体；6-外硫化橡胶体

　　水密插头的内硫化橡胶体和外硫化橡胶体分别由模具在平板硫化机上模压成型。其中水密插头的内硫化橡胶体将插孔预埋其中，并在插孔与插孔之间及插孔与插头壳体之间形成绝缘屏蔽层；而外硫化橡胶体将水密电缆导线与插孔焊杯之间的焊点及插头壳体局部包裹其中，并在插孔焊点之间及插孔焊点与插头壳体之间形成绝缘屏蔽层。图 3.5 为水密插头在模具内模压成型示意图。

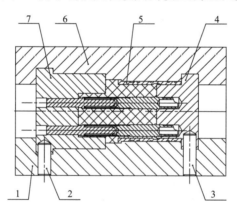

图 3.5　水密插头的模压成型示意图

1-下模；2-圆柱销；3-定位销；4-右模芯；5-插头体；6-上模；7-左模芯

　　水密插头的内硫化橡胶体为氯丁橡胶；外硫化橡胶体可以是氯丁橡胶，也可以是聚氨酯橡胶等。关于橡胶及橡胶硫化工艺，在后面的章节中会有进一步阐述。

　　当水密连接器插合时，水密插头内硫化橡胶体轮廓与水密插座内硫化橡胶体轮廓吻合，并借助圆缺状结构定位，使水密插头与水密插座插合时能够按正确的方向连接，并通过拧紧锁紧螺母，使水密插头和水密插座紧密连接成为一体。图 3.6 为6 芯孔型直式水密插头与 6 芯针型穿壁式水密插座插合后结构。

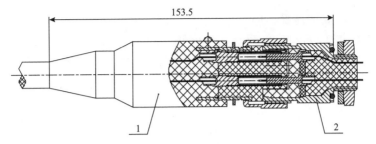

图 3.6　插合后的 6 芯干插拔水密电连接器结构（单位：mm）
1-孔型直式水密插头；2-针型穿壁式水密插座

从上面介绍的橡胶模压成型的干插拔水密电连接器构成可见，连接器的接触件、支撑块、壳体等零部件，通过橡胶硫化工艺、利用橡胶体硫化模具，在平板硫化机上模压成型为一个整体。除安装在密封舱上的水密插座与密封舱之间的密封为 O 形橡胶密封圈密封外，其他部位的密封，如水密插头、水密插座各组成零部件之间的密封及插合后水密插头与水密插座端面之间的整体密封，都是通过硫化橡胶自身实现的。这种直接通过自身结构来实现水密性能的方式，是橡胶模压成型干插拔水密电连接器的突出特征。

水密电连接器用橡胶是该类连接器的关键、重要构成材料之一。关键且重要是因为所用橡胶材料与水密电连接器的许多关键性能指标直接相关，包括水密性能、绝缘性能及机械使用寿命等。虽然橡胶材料广泛并大量应用于各种型式的连接器生产上，但是水密电连接器对所用橡胶材料的性能却有着特殊要求。

水密电连接器工作环境主要是广袤的海洋。国外水密电连接器的工作水深已经达到了 10000m 以上，即可在全海深水下工作。当水密电连接器应用于 10000m 水下时，作用于其上的环境水压约为 100MPa，即每平方厘米水密电连接器表面需承受 1t 的压力。如此大的压力作用下，水密电连接器用橡胶材料将产生较大压缩变形。此外，长期处于海洋环境中，橡胶的老化问题也变得十分突出。因此，水密电连接器用橡胶材料重要且基本的性能要求是解决压缩变形和老化问题。

（1）橡胶的压缩变形。水密电连接器用橡胶既是绝缘材料又是密封材料。其压缩变形量关系到硫化橡胶的弹性恢复。在应力长时间作用下，橡胶分子链会发生相对位移，产生应力松弛。当应力除去后，橡胶分子的弹性恢复能力就会降低甚至消失，产生永久压缩变形。只有将橡胶的永久压缩变形量控制在一定范围内，才能够保证水密电连接器在水下（尤其是大水深环境下）长期工作时具有稳定性能与可靠的密封。适宜的交联程度可降低橡胶分子的位移和应力松弛，使其保持较高弹性恢复能力，降低橡胶的永久压缩变形量。

（2）橡胶的老化。因环境条件的影响而使橡胶材质变性的现象称为橡胶的老化。光、热、氧、臭氧、油、溶剂、化学药品、应力、振动等都是橡胶老化的影响因素。橡胶分子中双键在受到热、光、臭氧、压力等的侵袭时，将与空气中的氧相互作用，发生氧化反应导致老化。老化会导致橡胶变黏、硬化、龟裂等。变黏是高分子链的解聚造成的，会导致橡胶软化和弹性下降。橡胶老化将严重影响水密电连接器的密封性能及机械使用寿命。在橡胶配方中加入适合的防老剂会缓解橡胶老化的情况。

因此，水密电连接器用橡胶材料配方的设计尤为重要。一般而言，橡胶材料配方应关注并解决以下几个方面的问题。

(1) 生胶的选择。为了满足在高盐雾、高湿热和霉菌易于生长的环境下长期工作的要求，水密电连接器用橡胶材料除必须具备良好的耐天候老化性能外，还要有良好的耐海水老化及较好的物理、力学性能。根据水密电连接器的使用环境及综合性能指标要求，并考虑到水密电连接器加工工艺，通常选用具有优良的耐天候老化、防盐雾、防油雾、防霉菌性能，工艺好，并且与金属壳体间黏接性能良好的氯丁橡胶作为主体胶。

(2) 硫化体系的选择。采用硫化速度适宜、硫化程度高、加工过程安全的金属氧化物 ZnO/MgO 体系为主要交联剂，同时为了改善胶料的焦烧性能，还可加入硫化促进剂和防焦剂。

(3) 补强剂的选择。由于氯丁橡胶和天然橡胶属于自补强型橡胶，无须依靠炭黑来增加其拉伸强度及断后伸长率，所以补强剂品种的选择主要立足于调节橡胶的绝缘性能和耐电压性能。配方中可采用二氧化硅和硅酸铝类补强剂。

(4) 增塑剂的选择。增塑剂在胶料中起着重要的作用，关系到配方能否付诸实施。采用的增塑剂要根据所用的硫化体系、成本、污染性、迁移性以及所赋予胶料的加工性能、耐老化性能、硫化速度和硫化橡胶的其他物理性能来进行选择。氯丁橡胶在加工过程中易出现黏辊现象，为此可采用酯类增塑剂邻苯二甲酸二丁酯等。

(5) 防护体系的选择。虽然氯丁橡胶的分子结构决定了它具有优异的耐老化性能，但是在长时间的热、光、氧的作用下，氯丁橡胶也会逐渐氧化分解，使其物理性能降低。为延缓氧化分解速度，胶料中可加入防老剂 RD[①]和防老剂 4010 NA[②]，最大限度地改善氯丁橡胶的耐老化性能。

2. 绝缘体装配式干插拔水密电连接器构成

顾名思义，绝缘体装配式干插拔水密电连接器以绝缘体在壳体上的装配方式作为其结构特征。图 3.7 为 SEACON 金属壳系列 4 芯水密电连接器水密插座，图 3.8 为 SEACON 金属壳系列 4 芯水密电连接器水密插头，它们均采用装配式结构。

---

① 即 2,2,4-三甲基-1,2-二氢化喹啉聚合体
② 即 N-异丙基-N'-苯基对苯二胺

图 3.7　SEACON 金属壳系列 4 芯水密电连接　　图 3.8　SEACON 金属壳系列 4 芯水密电连接
器水密插座　　　　　　　　　　　器水密插头

SEACON 金属壳系列水密插座由插座壳体、插座绝缘体、O 形橡胶密封圈及弹性挡圈等零部件组成。其中带接触件的绝缘体由非金属绝缘材料（如玻纤增强环氧树脂、PEEK）经专用模具独立模压成型。接触件预埋在绝缘体内，形成接触件一体化绝缘体。插座壳体由 316L 不锈钢等材料制作，其上加工了绝缘体轴向及圆周方向定位结构。当插座绝缘体装配到插座壳体上后，其在壳体上的轴向及圆周方向的位置均被固定。其中插座绝缘体的轴向位置由弹性挡圈固定，圆周方向位置由绝缘体上的键及壳体上的键槽配合固定。插座壳体的前后两端分别加工外螺纹。当水密插座与水密插头插合时，插座壳体前端外螺纹与插头锁紧螺母连接，使水密插头和水密插座联锁为一体并使端面 O 形橡胶密封圈产生一定的预压紧密封应力。插座壳体后端外螺纹用于水密插座与密封舱的连接。

SEACON 金属壳系列水密插头由插头壳体、插头绝缘体、锁紧螺母及弹性挡圈等零部件组成。其中带接触件的绝缘体由非金属绝缘材料经专用模具独立模压成型。插头壳体上加工了插头绝缘体轴向及圆周方向定位结构，当插头绝缘体装配到插头壳体上后，其在壳体上的轴向及圆周方向位置均被固定。其中插头绝缘体的轴向位置由弹性挡圈固定，圆周方向位置由绝缘体上的键及壳体上的键槽配合固定。插头壳体的前端安装锁紧螺母，用于水密插头与水密插座插合时，与水密插座前端的外螺纹连接。锁紧螺母通过弹性挡圈固定在插头壳体上。

由此可见，绝缘体装配式干插拔水密电连接器是由各组成零部件通过装配关系组合在一起，形成可拆卸的水密插头和水密插座的。水密插座与密封舱之间的密封以及水密插头与水密插座插合后彼此间的密封均通过 O 形橡胶密封圈实现。

比较橡胶模压成型干插拔水密电连接器与绝缘体装配式干插拔水密电连接器不难发现：两者的水密插头与水密插座插合后，都是通过锁紧螺母将水密插头与水密插座联锁为一体并提供密封预紧力的；但两者水密插头和水密插座之间的密封方式是不同的。前者通过硫化橡胶体实现密封，而后者则通过 O 形橡胶密封圈实现密封。由于绝缘体装配式干插拔水密电连接器各组成零部件是可拆卸的（使用专用工具），损坏的零部件可更换维修。

3.1.2　干插拔水密电连接器的密封与绝缘

干插拔水密电连接器的密封问题与绝缘问题是该类连接器基本的、共性的和必须解决的问题，也是所有水密电连接器都不能规避的两大关键技术问题。只有水密性与绝缘性兼备的水密电连接器，才能在水下环境安全、可靠地工作。水密电连接器密封问题与绝缘问题的解决，主要与水密电连接器的结构设计、材料选用及加工工艺等因素有关。

1. 干插拔水密电连接器的密封性能

水密电连接器的密封性能主要是指水密电连接器对水的密封性能，即水密性。水密电连接器在水下某一深度工作时，首先要能够抵御外界环境水压的作用，使水不能侵入水密电连接器内部而导致水密电连接器短路、绝缘失效或性能下降。

水密电连接器的密封问题可分解为水密插头和水密插座的独立密封问题，以及水密插头和水密插座插合后的整体密封问题。利用 O 形橡胶密封圈是解决水密电连接器密封问题常用的方法，但也不尽然，如前面提到的橡胶模压成型干插拔水密电连接器。

由 3.1.1 节可知，干插拔水密电连接器有两种主要构成方式：一种是橡胶模压成型方式；另一种是绝缘体装配方式。

橡胶模压成型干插拔水密电连接器中水密插座的独立密封包括内部和外部两个部位的密封，参见图 3.2。

外部密封是指水密插座与安装的密封舱之间的密封，通常由 O 形橡胶密封圈实现。该处密封应具有抵御连接器工作水深对应的外部环境水压的作用，确保密封舱内的电路系统安全、可靠地工作。根据工作环境及工作介质的不同，可选用不同材质的 O 形橡胶密封圈。O 形橡胶密封圈的材质有很多种，常用的有丁腈橡胶、氯丁橡胶、氟硅橡胶及全氟橡胶等。

内部密封是指插座内硫化橡胶体与插座壳体及插针之间的密封，由硫化橡胶体自身实现。经过插座壳体及插针的表面处理、涂胶等工艺后，再经由橡胶体硫化模具及平板硫化机的硫化工艺处理后，硫化橡胶体能够很好地在插座壳体和插针表面成型，并具有足够的黏接强度，实现水密插座的内部密封性能。

橡胶模压成型干插拔水密电连接器中水密插头的独立密封同样包括内部和外部两个部位的密封，参见图 3.4。此两处的密封分别通过内硫化橡胶体和外硫化橡胶体实现。内外硫化橡胶体分别利用专用模具，在平板硫化机上经橡胶硫化工艺加工而成。

橡胶模压成型干插拔水密电连接器中水密插头和水密插座插合后的整体密封，由水密插头的内硫化橡胶体和水密插座的内硫化橡胶体之间的相互配合实现，参见图 3.6。插合时，在导向定位键的引导作用下，水密插座的插针与水密插头的插孔逐一对正，然后水密插头上的锁紧螺母与水密插座前端外螺纹连接，并在旋紧扭矩的作用下使插针在插孔内部插合到位。同时水密插头内硫化橡胶体的上表面与水密插座内硫化橡胶体的下表面相接触。继续以适当的扭矩旋紧锁紧螺母，使两硫化橡胶体接触面之间产生一定的弹性变形，建立初始密封应力。此初始密封应力形成了连接器入水后环境水压对连接器插合接触面侵入的抵抗力，保证连接器具备良好的密封性能。

上面简单讨论了橡胶模压成型干插拔水密电连接器的密封性能。可以看出，除水密插座与密封舱之间的密封通过 O 形橡胶密封圈实现外，其余的密封都是通过连接器的硫化橡胶体自身来实现的。这是该类水密电连接器的显著特点。

值得注意的是，在水密电连接器完成插合的最后阶段，锁紧螺母的拧紧扭矩要适当，要按照连接器给定的扭矩进行操作。如果扭矩太小，不能使硫化橡胶体产生足够的变形量，影响连接器的密封性能；如果扭矩太大，有可能使硫化橡胶体产生较大的永久压缩变形，既影响连接器的密封性能，又影响连接器的机械使用寿命。

至于绝缘体装配式干插拔水密电连接器的密封，无论是水密插头和水密插座的独立密封，还是插合后连接器的整体密封，全部由 O 形橡胶密封圈实现。这里需要注意的是，在选择 O 形橡胶密封圈时，除考虑材质因素外，还要考虑硬度因素。通常情况下，连接器工作水深越大，选用的 O 形橡胶密封圈的硬度越大。

2. 干插拔水密电连接器的绝缘性能

水密电连接器的绝缘性能直接关系到连接器性能指标的发挥和工作的安全性。绝缘性能的衡量指标是绝缘电阻，包括连接器接触件间的绝缘电阻及接触件与金属壳体之间的绝缘电阻。绝缘电阻是指在连接器的绝缘部分施加电压，从而使绝缘部分的表面或内部产生漏电流而呈现出的电阻。影响连接器绝缘电阻的因素主要有连接器所用绝缘材料本身的绝缘性能、接触件间及接触件与金属壳体间的爬电距离及电气间隙等。另外，环境因素对绝缘电阻也有较大影响。水密电连接器的绝缘性能主要由连接器选用的绝缘材料和连接器的结构设计所决定。

水密电连接器的绝缘问题可分解为接触件与接触件之间的绝缘问题，以及接触件与插头或插座金属壳体之间的绝缘问题。

橡胶模压成型干插拔水密电连接器的绝缘材料通常为氯丁橡胶。水密电连接器所用氯丁橡胶通常需添加多种添加剂来调节其综合性能。例如，加入天然橡胶及白炭黑，以提高其绝缘性能等。水密电连接器用氯丁橡胶的抗电强度可达 15kV/mm 以上。另外，优化的接触件型谱排布使其具有足够的爬电距离及电气间隙，以期获得良好的绝缘性能。

绝缘体装配式干插拔水密电连接器的绝缘性能同样由绝缘体材料的绝缘性能及绝缘体本身的结构设计决定。模压成型的绝缘体内部不应有疏松结构、微小裂纹及微小气泡等缺陷，否则将影响其绝缘性能。

无论是橡胶模压成型干插拔水密电连接器，还是绝缘体装配式干插拔水密电连接器，当接触件周围空间环境湿度较大时，都会造成连接器绝缘电阻下降。如果连接器完成水压试验或水下作业后，在空气中马上分解，此时测得的绝缘电阻有可能变小。这种情况下，经去湿并干燥处理后，绝缘电阻可恢复正常，连接器仍可正常使用。

3.1.3　SEACON 干插拔水密电连接器简介

2.2 节已经介绍过,美国 SEACON 公司是全球著名的水密电连接器生产商。SEACON 干插拔水密电连接器包括橡胶模压成型系列、小型和微小型系列、金属壳系列、55 和 66 系列等。本节对上述各系列水密电连接器产品逐一加以介绍，通过这些介绍可以加深我们对干插拔水密电连接器的了解，以便更好地选型和应用。

1. SEACON 橡胶模压成型系列水密电连接器

SEACON 橡胶模压成型系列水密电连接器是一种结构简单、成本较低，可应用于各种水下仪器设备的水密电连接器。经过长时间实际应用证明，该系列水密电连接器具有较高的安全性和可靠性。为防止在使用中发生错插现象，该系列水密电连接器的水密插头可以加工成针型，也可以加工成孔型；相应地，该系列水密电连接器的水密插座可以是孔型，也可以是针型。该系列水密电连接器的水密插头有直式和直角式两种结构型式，其中直式水密插头另有锁定套管可供选用。锁定套管是一个橡胶件，可安装在直式水密插头的根部，以增加水密插头与水密插座插合部位的刚度，保护水密电连接器的接触件不受连接部位的弯折造成的折断等损伤。图 3.9 是 SEACON 橡胶模压成型系列干插拔水密电连接器。

SEACON 橡胶模压成型系列水密电连接器由氯丁橡胶经模压工艺制造而成。插座壳体可由玻纤增强环氧树脂或不锈钢等材料制造;接触件由镀金铜合金制造。表 3.1 是该系列水密电连接器的主要性能参数。

SEACON 橡胶模压成型系列水密电连接器主要应用于水下照明和通信、ROV

系统、水听器阵列及各种声呐系统。其中，全橡胶模压连接器应用于较低或中等恶劣的海洋环境，并可现场制作安装；玻纤增强环氧树脂连接器应用于中等恶劣的海洋环境，用于电源接续或信号传输；金属壳体连接器应用于严重恶劣的海洋环境，用于电源接续或信号传输。

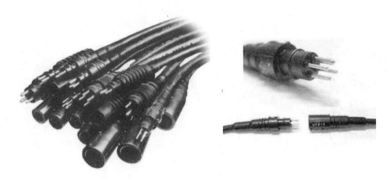

图 3.9 SEACON 橡胶模压成型系列干插拔水密电连接器

表 3.1 **SEACON 橡胶模压成型系列水密电连接器主要性能参数**

参数名称	数值及描述
连接器种类	干插拔水密电连接器
连接器系列	橡胶模压成型系列
芯数	1～12
耐水压（工作水深，插合状态）	0～20000psi（13700m）
额定工作电压	600VDC
额定工作电流	最大 300A

注：1psi=6.89476×10³Pa

2. SEACON 小型、微小型系列水密电连接器

SEACON 小型系列水密电连接器起初是为实现连接器的小直径、高接触件排布密度、大工作水深的目标而设计的。图 3.10 是 SEACON 小型系列水密电连接器。

SEACON 小型系列水密电连接器共有 13 种直径的壳体型式，最大接触件芯数可达 203 芯。该系列水密电连接器为金属壳体，通常由 316L 不锈钢材料制造，也可由钛合金、铝合金或铜合金等材料制造；绝缘体由玻纤增强环氧树脂材料制造；电接触件由铜合金材料制造并镀金。图 3.11 是 SEACON 小型系列水密电连接器典型的穿壁式及法兰式水密插座。

穿壁式水密插座主要由插座壳体、插座绝缘体、连接螺母、弹性挡圈和O形橡胶密封圈等零部件组成。其中插座绝缘体由玻纤增强环氧树脂制成，水密插座与安装的密封舱之间的密封由径向及端面两道密封实现。法兰式水密插座也由插座壳体、插座绝缘体及O形橡胶密封圈等组成。法兰式水密插座通过连接螺钉安装在密封舱上。

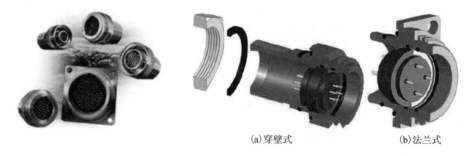

(a)穿壁式　　　　　　　(b)法兰式

图 3.10　SEACON 小型系列水　　图 3.11　SEACON 小型系列水密电连接器水密插座
　　　　　密电连接器

与上述水密插座配对使用的水密插头有直式和直角式等型式。图 3.12 为 SEACON 小型系列水密电连接器直式水密插头；图 3.13 为 SEACON 小型系列水密电连接器直角式水密插头。水密插头主要由插头壳体、插头绝缘体、锁紧螺母、硫化橡胶体及O形橡胶密封圈等零部件组成。

图 3.12　SEACON 小型系列水密　　　图 3.13　SEACON 小型系列水密电
　　　　电连接器直式水密插头　　　　　　　　连接器直角式水密插头

SEACON 小型系列水密连接器除水密电连接器外，还有水密同轴连接器、水密光纤连接器及充油压力补偿式(pressure balanced oil filled，PBOF)[①]水密连接器等。该系列水密连接器主要应用于干式密封舱。表 3.2 是 SEACON 小型系列水密电连接器的主要性能参数。

---

① 通过充油补偿实现压力平衡

表 3.2 SEACON 小型系列水密电连接器主要性能参数

参数名称	数值及描述
连接器种类	干插拔水密电连接器
连接器系列	小型系列
芯数	1～203
耐水压(工作水深,插合状态)	0～20000psi(13700m)
额定工作电压	≥600VDC
额定工作电流	最大 23A

SEACON 小型系列水密电连接器除连接器本体外,还有两种型式的堵头作为附件可供选用:一种是具有水密功能的、由不锈钢材料制造的堵头,如图 3.14 所示;另一种是不具有水密功能的、由工程塑料材料或不锈钢材料制造的堵头,如图 3.15 所示。前者在需要时可代替水密插头与水密插座旋紧配合,并随载体一起下潜;后者因不具备水密功能,故不可潜水。非水密堵头只在设备安装调试或检修时起到水密插座的防污、防溅及接触件的保护作用。

图 3.14　SEACON 小型系列水密电连接器水
　　密堵头

图 3.15　SEACON 小型系列水密电连接器非
　　水密堵头

SEACON 小型系列水密电连接器面向美国等国家的海军的应用比较广泛;其他应用领域还包括海洋石油及天然气开采、脐带缆连接及 ROV 系统等。

SEACON 微小型系列水密电连接器是在成熟的 SEACON 小型系列水密电连接器基础上研发而成的。SEACON 微小型系列水密电连接器具有更小的外形尺寸、更大的接触件排布密度,其最小直径只有 0.5in(1in=2.54cm)。该系列水密电连接器共有 13 种直径的壳体型式,芯数为 4～202 芯。

SEACON 微小型系列水密电连接器的应用领域基本与 SEACON 小型系列水密电连接器相同,只是在需要用到更小直径及外形尺寸的场合,SEACON 微小型系列水密电连接器更具优势。图 3.16 及图 3.17 分别为 SEACON 微小型系列水密电连接器的法兰式水密插座和直式水密插头。

图 3.16　SEACON 微小型系列水密电连接器　　图 3.17　SEACON 微小型系列水密电连接器
　　　　　　　法兰式水密插座　　　　　　　　　　　　　　　直式水密插头

3. SEACON 金属壳系列水密电连接器

SEACON 金属壳系列水密电连接器是为恶劣海洋环境及全海深应用而设计的，广泛应用于远洋探险及海洋军事等领域。该系列水密电连接器的特点是：结构强度高，使用简单、灵活，且具有很强的环境适应能力。表 3.3 是 SEACON 金属壳系列水密电连接器的主要性能参数。

表 3.3　SEACON 金属壳系列水密电连接器主要性能参数

参数名称	数值及描述
连接器种类	干插拔水密电连接器
连接器系列	金属壳系列
芯数	1～156
耐水压(工作水深，插合状态)	0～20000psi(13700m)
额定工作电压	≥600VDC
额定工作电流	最大 200A

SEACON 金属壳系列水密电连接器的壳体材料通常为 316L 不锈钢，其他可选的壳体材料包括钛合金、铝合金、铜合金及 PEEK 等；绝缘体由玻纤增强环氧树脂材料制造。SEACON 金属壳系列水密电连接器共有 8 种直径的壳体型式。除水密电连接器外，还有水密同轴连接器、水密光纤连接器、水密同轴和电混合型连接器、水密光电混合连接器、水密电源和信号混合型连接器及充油压力补偿式水密连接器等多种型式的水密连接器。图 3.18 为 SEACON 金属壳系列水密电连接器典型的穿壁式水密插座。图 3.19 为 SEACON 金属壳系列水密电连接器法兰式水密插座。

 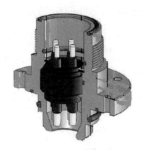

图 3.18　SEACON 金属壳系列水密电连接　　图 3.19　SEACON 金属壳系列水密电连接
器穿壁式水密插座　　　　　　　　　　　器法兰式水密插座

　　SEACON 金属壳系列水密电连接器的穿壁式水密插座主要由插座壳体、插座绝缘体、弹性挡圈和 O 形橡胶密封圈等零部件组成。其中插座绝缘体由玻纤增强环氧树脂注塑成型。水密插座与安装的密封舱之间的密封由径向及端面两道密封实现。水密插座与水密插头插合后彼此之间的密封也由径向及端面两道密封实现。

　　与上述水密插座配对使用的水密插头有直式和直角式两种主要型式。图 3.20 为 SEACON 金属壳系列水密电连接器直式水密插头；图 3.21 为 SEACON 金属壳系列水密电连接器直角式水密插头。水密插头主要由插头壳体、插头绝缘体、锁紧螺母、硫化橡胶体及 O 形橡胶密封圈等组成。

图 3.20　SEACON 金属壳系列水密电连接器　　图 3.21　SEACON 金属壳系列水密电连
直式水密插头　　　　　　　　　　　　　接器直角式水密插头

　　SEACON 金属壳系列水密电连接器除适用于全海深及恶劣海洋环境外，还广泛应用于大功率水下电机、潜水泵、水下摄像和照明系统等。该系列水密电连接器的应用特点是：同一水密电连接器既可实现电源的接续、电信号的传递，又可实现光信号的传递。

　　4. SEACON 55 和 66 系列水密电连接器

　　SEACON 55 系列水密电连接器对比标准的工业级水密电连接器，在设计上有多项重要改进，同时保留了水密电连接器间的兼容性及互换性。由于 PEEK 具有绝佳的耐化学试剂性、耐磨性、电性能及重量轻、无阴极氧化现象等优良特性，该系列水密电连接器包括由 PEEK 制造的系列水密电连接器产品(SEACON 55 系列水密电连接器共有 5 种直径的壳体型式，最大芯数为 24 芯)，另外还有充油压力补偿式水密连接器产品。表 3.4 是 SEACON 55 系列水密电连接器的主要性能参数。

表 3.4　SEACON 55 系列水密电连接器主要性能参数

参数名称	数值及描述
连接器种类	干插拔水密电连接器
连接器系列	55 系列
芯数	2～24
耐水压(工作水深，插合状态)	≤10000psi(7000m)
额定工作电压	600VDC
额定工作电流	5～18A
工作温度	−20～90℃
插拔次数	＞500

SEACON 55 系列水密电连接器的内硫化橡胶体由氯丁橡胶及其他符合要求的硫化橡胶经模压成型加工制造；外硫化橡胶体材料为氯丁橡胶或丁腈橡胶等；连接器壳体材料通常为 316L 不锈钢，其他可供选择的壳体材料还有钛合金、铝合金、铜合金及 PEEK 等；锁紧螺母由 316L 不锈钢材料制造，表面涂覆抗咬合化合物；接触件由铜合金材料制造且表面镀金。图 3.22 为 SEACON 55 系列水密电连接器。

图 3.22　SEACON 55 系列水密电连接器

SEACON 55 系列水密电连接器的孔型插头有直式和直角式两种结构型式；针型插座有穿壁式和法兰式两种安装方式。图 3.23 和图 3.24 分别是 SEACON 55 系列水密电连接器孔型直式和直角式水密插头；图 3.25 和图 3.26 分别是 SEACON 55

系列水密电连接器针型穿壁式和法兰式水密插座。

图 3.23 SEACON 55 系列水密电连接器　　　图 3.24 SEACON 55 系列水密电连接器
　　　　孔型直式水密插头　　　　　　　　　　　　孔型直角式水密插头

图 3.25 SEACON 55 系列水密电连接器　　　图 3.26 SEACON 55 系列水密电连接器
　　　　针型穿壁式水密插座　　　　　　　　　　　针型法兰式水密插座

　　除水密电连接器外，SEACON 55 系列还有可供以太网使用的水密连接器，其传输速率可达 100Mbit/s 和 1Gbit/s。

　　SEACON 66 系列水密电连接器是 SEACON 55 系列水密电连接器的反版，即该系列水密插座为孔型插座，水密插头为针型插头，与 SEACON 55 系列水密电连接器刚好相反，而其他方面均与 SEACON 55 系列水密电连接器相同。图 3.27 为 SEACON 66 系列水密电连接器 8 芯针型水密插头；图 3.28 为 SEACON 66 系列水密电连接器 8 芯孔型水密插座。

图 3.27 SEACON 66 系列水密电连接器　　　图 3.28 SEACON 66 系列水密电连接器
　　　　8 芯针型水密插头　　　　　　　　　　　　8 芯孔型水密插座

SEACON 66 系列水密电连接器目前只有 2 种直径的壳体型式,芯数系列也只有 8 芯和 13 芯两种。

SEACON 55 和 66 系列水密电连接器广泛应用于水下机器人、潜水员水下通信设备、水下摄像及照明系统等。

3.1.4　SubConn 干插拔水密电连接器简介

本节介绍两种 SubConn 干插拔水密电连接器:一种是同轴电缆系列水密电连接器;另一种是水密穿壁件。

1. SubConn 同轴电缆系列水密电连接器

SubConn 同轴电缆系列水密电连接器主要用于高清视频信号在水下系统的传输及高清设备与遥测系统间的信号转换。该系列水密电连接器结构强度高,可应用于大工作水深环境。SubConn 同轴电缆系列水密电连接器包括两种基本型式:一种是单芯同轴电缆水密电连接器;另一种是同轴和电混合型电连接器。后者具有 6 芯电接触件和 1 芯同轴接触件,可同时处理电信号及视频信号。两种型式的 SubConn 同轴电缆系列水密电连接器均有 50Ω 和 75Ω 阻抗产品可供选择。该系列水密电连接器在使用中只允许干插拔。图 3.29 是 SubConn 单芯同轴电缆水密电连接器插座,图 3.30 是 SubConn 同轴和电混合型水密电连接器插座。

图 3.29　SubConn 单芯同轴电缆水密　　　　图 3.30　SubConn 同轴和电混合型水密
　　　　电连接器插座　　　　　　　　　　　　　　　电连接器插座

SubConn 同轴电缆系列水密电连接器由高质量氯丁橡胶制造；连接器的金属壳体由 316L 不锈钢、黄铜或钛合金材料制造；插针由黄铜制造且表面镀金；插孔由铍青铜制造并表面镀金；连帽由聚甲醛制造。表 3.5 为 SubConn 同轴电缆系列水密电连接器的主要性能参数。

表 3.5 SubConn 同轴电缆系列水密电连接器主要性能参数

参数名称	数值及描述
连接器种类	干插拔水密电连接器
连接器系列	同轴电缆系列
耐水压(工作水深,插合状态)	≤8700psi(6000m)
额定工作电压(电源)	≤300VAC
额定工作电流(电源)	≤20A
最大频率	1.5GHz
工作温度	−4~60℃
储存温度	−40~60℃
绝缘电阻	>200MΩ
接触电阻	<0.01Ω

SubConn 同轴电缆系列水密电连接器的应用范围包括海洋石油与天然气开采、海底观测网、海洋科学仪器及设备、水下机器人、水下摄像及照明系统、水下遥测系统、潜水系统及设备,以及水下军事防卫领域等。

2. SubConn 水密穿壁件

SubConn 水密穿壁件主要应用于强调"直连"的场合,而不是通常的可插拔连接方式的场合。SubConn 水密穿壁件具有直式和直角式两种结构型式。图 3.31 为 SubConn 直角式水密穿壁件,图 3.32 为 SubConn 直式水密穿壁件。

  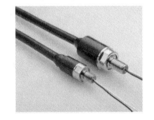

图 3.31 SubConn 直角式水密穿壁件　　　图 3.32 SubConn 直式水密穿壁件

SubConn 水密穿壁件由高质量氯丁橡胶制造。穿壁件的金属壳体由 316L 不锈钢制造,还可由黄铜等材料制造。表 3.6 为 SubConn 水密穿壁件的主要性能参数。

表 3.6　SubConn 水密穿壁件主要性能参数

参数名称	数值及描述
连接器系列	穿壁件
耐水压（工作水深）	≤10000psi（7000m）
额定工作电压	300～600VAC
额定工作电流	由电缆及穿壁件尺寸决定
工作温度	-4～60℃
储存温度	-40～60℃

由水密插座及水密插头两部分组成的水密连接器具有插合及分离功能，便于应用和调试。从这点来看，水密穿壁件在应用方面略显不便。但也正是由于不需要通过插合动作进入工作状态，而强调"直连"功能，水密穿壁件避免了插合过程中有可能产生的不确定因素的影响和干扰，其工作的可靠性进一步增强。

3.1.5　BIRNS 干插拔水密电连接器简介

从 2.2 节对美国 BIRNS 公司的简介中可以了解到，BIRNS 公司的水密连接器系列广泛、种类齐全。实际上，BIRNS 公司除生产水密连接器外，还生产许多其他种类的水下单元部件，如水下照明设备等。图 3.33 是 BIRNS 千禧系列金属壳体干插拔水密电连接器。

图 3.33　BIRNS 千禧系列金属壳体干插拔水密电连接器

BIRNS 千禧系列金属壳体干插拔水密电连接器是用于水下电源接续、高速数据传输等的高性能水密电连接器。首先，该系列金属壳体干插拔水密电连接器具有大的接触件密度及较小的外形结构尺寸，使其具有最大的载荷效率。其次，该系列金属壳体干插拔水密电连接器拥有极高的数据信号负载性能，工作水深达 6000m。最后，同一连接器内可以使用不同直径的芯线，在可靠传输大量数据流的同时，减少电噪声。另外，BIRNS 千禧系列金属壳体干插拔水密电连接器还具有结构强度

大、耐恶劣水下使用环境能力强、密封可靠及机械使用寿命长等特点。表 3.7 为
BIRNS 千禧系列金属壳体干插拔水密电连接器的主要性能参数。

表 3.7　BIRNS 千禧系列金属壳体干插拔水密电连接器主要性能参数

参数名称	数值及描述
连接器系列	千禧
工作水深	≤6000m
额定工作电压	≤700VAC
额定工作电流	≤33A
储存温度	−34～121℃

图 3.34 是 BIRNS 千禧系列大密度接触件水密接插件及绝缘体。

图 3.34　BIRNS 千禧系列大密度接触件水密接插件及绝缘体

3.2　湿插拔水密电连接器

相对干插拔水密电连接器而言，湿插拔水密电连接器的水密插头与水密插座
的插合过程可以在湿环境中完成。插合前，连接器配合表面应进行清洁，保证无
固体微小污染物颗粒，但可以是湿润状态而无须处于干燥状态。湿插拔水密电连
接器甚至可以在水中直接插合。

3.2.1　湿插拔水密电连接器组成及结构

不同于干插拔水密电连接器，湿插拔水密电连接器的组成及结构有其自身特
点。下面以 6 芯湿插拔水密电连接器为例，对湿插拔水密电连接器的组成及结构
加以介绍。图 3.35 为 6 芯湿插拔孔型穿壁式水密插座结构。

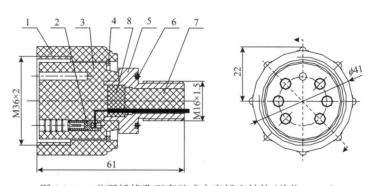

图 3.35　6 芯湿插拔孔型穿壁式水密插座结构（单位：mm）

1-插座连帽；2-插孔；3-插座硫化橡胶体；4-弹性挡圈；5-插座壳体；6-O 形橡胶密封圈；7-环氧树脂灌封体；
8-支撑块

　　湿插拔孔型穿壁式水密插座主要由插座连帽、插孔、插座硫化橡胶体、弹性挡圈、插座壳体、O 形橡胶密封圈、支撑块及环氧树脂灌封体等组成。插座连帽通过弹性挡圈安装在插座硫化橡胶体与插座壳体之间，用于在水密插头与水密插座插合时，与插头连帽进行螺纹连接。插座连帽通常由丙烯腈(acrylonitrile)-丁二烯(butadiene)-苯乙烯(styrene)（以下简称 ABS）或聚甲醛等工程塑料在注塑机上经由模具注塑成型。插孔由铍青铜等材料加工，预埋在插座硫化橡胶体内。插座硫化橡胶体由氯丁橡胶经由模具在平板硫化机上模压成型。在每只插孔入口通道的内壁上，模压成型数道半圆形微小密封环，起到 O 形橡胶密封圈的作用。插座壳体由黄铜材料加工而成，后端加工外螺纹，用于水密插座在密封舱上的安装。其前端与橡胶硫化成一体，后端由环氧树脂灌封。由于环氧树脂自身具有较大强度，以及环氧树脂与插座壳体内壁间高强黏接，水密插座在插合及非插合状态下均能够承受足够大环境水压作用在水密插座端面上的压力。O 形橡胶密封圈用于穿壁安装时水密插座与密封舱间的密封。

　　图 3.36 是 6 芯湿插拔针型水密插头结构。它由插头连帽、插针、定位销、插头硫化橡胶体及弹性挡圈等零部件组成。

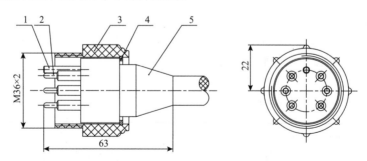

图 3.36　6 芯湿插拔针型水密插头结构（单位：mm）

1-定位销；2-插针；3-插头连帽；4-弹性挡圈；5-插头硫化橡胶体

其中，插头连帽通过弹性挡圈安装在插头硫化橡胶体上，用于在水密插头与水密插座插合时，与插座连帽进行螺纹连接。插头连帽也是由 ABS 或聚甲醛等工程塑料在注塑机上经由模具注塑成型的。插针由铅黄铜等材料加工，预埋在插头硫化橡胶体内。定位销由 316L 不锈钢等材料加工，也预埋在插头硫化橡胶体内，用于水密插头与水密插座的防错插定位。插头硫化橡胶体由氯丁橡胶经由模具在平板硫化机上模压成型。在每只插针的根部，一体化模压成型一定长度的圆柱状硫化橡胶体，包裹在插针的外部。

图 3.37 为插合后的 6 芯湿插拔水密电连接器结构。水密插头与水密插座插合后，插针根部的圆柱状硫化橡胶体与插孔入口通道内壁上的数道半圆形微小密封环配合，实现每对接触件的独立密封。水密插头与水密插座的连帽通过螺纹连接在一起，能够对插合后的连接器起到双重的保护作用。一是连接器在水下工作或在系统的布放过程中，由于插头水密电缆受牵挂等原因产生轴向拉力时，连帽的螺纹连接可防止插合状态的连接器发生意外的分离；二是当有外部的轻微碰撞时，连帽的螺纹连接可对插合状态的连接器起到一定的保护作用。与 3.1 节介绍的金属壳体干插拔水密电连接器不同，本节的湿插拔水密电连接器的连帽螺纹连接对插合后的水密插头与水密插座不产生轴向压紧力，与连接器的密封无关。

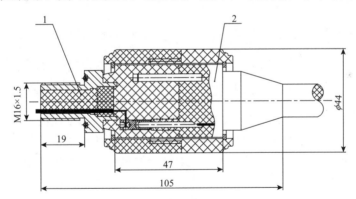

图 3.37　插合后的 6 芯湿插拔水密电连接器结构（单位：mm）

1-水密插座；2-水密插头

3.2.2　湿插拔水密电连接器密封与绝缘

从总体构成上看，湿插拔水密电连接器与干插拔水密电连接器还是有明显差异的。虽然湿插拔水密电连接器的密封与绝缘问题也是通过硫化橡胶体来解决的，但具有突出的自身特点。

图 3.38 和图 3.39 分别是湿插拔水密电连接器插针与插孔的密封结构。如 3.2.1 节所述，在针型水密插头的每只插针根部，都制有一段圆柱状硫化橡胶体，包

裹在插针的外部；而在孔型水密插座的每只插孔入口通道的内壁上，都制有数道半圆形微小密封环。这两部分结构在橡胶硫化时同橡胶体一体化硫化成型。当水密插头与水密插座插合后，因插针与插孔半圆形微小密封环的过盈配合而在密封面处产生预压力 P_y；连接器入水后，附加承受环境水压力 P_s；入水后密封面处的接触压力为 $P_j = P_y + P_s$。当水密电连接器在水下工作时，随着工作水深的增大，作用在水密电连接器上的外部环境水压力增大，使得橡胶体压缩变形量增大，进而插针与插孔配合圆柱面间半圆形微小密封环的密封面处的接触压力也增大。因 $P_j > P_s$ 不受水密电连接器工作水深变化的影响而始终成立，故插针和插孔的密封结构间产生的密封接触压力得以保持。此外，密封接触压力随着工作水深的加大也增大，使结构的密封功能始终得以完整发挥。实践证明，这种密封结构产生的密封作用具有很高的可靠性，能够满足大工作水深直至全海深超高水压环境下的高可靠性密封要求。

与 3.1 节叙述的金属壳体干插拔水密电连接器不同，湿插拔水密电连接器不是通过插合后水密插头与水密插座间的整体密封来实现密封功能的。实际上，湿插拔水密电连接器的插针与插孔的独立密封结构确保水密电连接器具备良好的密封性能，而无须进行整体密封。

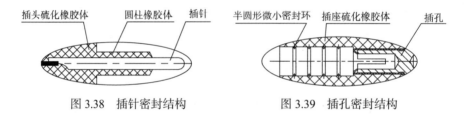

图 3.38　插针密封结构　　　　　图 3.39　插孔密封结构

湿插拔水密电连接器的绝缘性能是由其结构设计及所使用的材料决定的。水密插座各插孔及插座壳体均被具有良好绝缘性能的硫化橡胶及环氧树脂所隔离和覆盖。水密插头除插针和定位销外，无其他金属件，插针和定位销均被硫化橡胶所隔离。因此在合理的接触件型谱排布下，湿插拔水密电连接器能够满足绝缘介质耐电压试验要求，即具备可靠的电绝缘性能。

所谓湿插拔水密电连接器，"湿"的是连接器的表面，即外露的橡胶材料及金属材料的表面，而非"湿"在连接器材料的内部。因此，当湿插拔水密电连接器在"湿"环境、"湿"状态插合时，其密封结构能够保证每对接触件的独立密封，使得每对接触件组成的电路处于物理密封和隔绝状态。自然而然，各接触件与金属壳体之间，以及接触件与接触件之间具备绝缘性能。

通过本节及 3.1 节介绍，我们了解了干插拔水密电连接器和湿插拔水密电连接器各自的构成、工作方式及应用特点。下面是对两类水密电连接器的几点对比及归纳总结。

(1)干插拔水密电连接器只能在"干"环境状态下插合使用，即水上插合、水下使用；而湿插拔水密电连接器可以在"湿"环境状态下插合使用。

(2)干插拔水密电连接器由于具有金属壳体，可在相对恶劣的水下环境中应用，且可以承受一定的外部载荷，如轻微的碰撞或拖拽。但即便如此也应尽量避免此种情况发生。而湿插拔水密电连接器由于缺少金属壳体的保护，结构强度较小，故只能应用于相对平稳、安全的水下环境，且应极力避免承受外部载荷，如避免碰撞或拖拽等，否则会造成水密电连接器的损坏甚至拔脱，影响水密电连接器的正常工作。

(3)干插拔水密电连接器结构相对复杂、金属件较多、生产成本较高，故价格较高；而湿插拔水密电连接器结构相对简单、金属件较少、生产成本较低，故价格相对低。

(4)在大多数应用领域及场合，两者可互换使用；在水下环境比较恶劣的情况下，建议优先选用干插拔水密电连接器。

3.2.3 SubConn 湿插拔水密电连接器

前面已经述及，SubConn 公司是美国著名的水密连接器生产商，其生产的水密连接器产品种类齐全，系列完整，应用十分广泛。SubConn 湿插拔水密电连接器产品主要包括圆形系列水密电连接器、扁平系列水密电连接器、金属壳系列水密电连接器、电源系列水密电连接器、以太网系列水密电连接器等。下面对上述湿插拔水密电连接器产品逐一加以简介，通过这些介绍可以加深我们对湿插拔水密电连接器的了解，以便更好地选型和应用。

1. SubConn 圆形系列水密电连接器

SubConn 圆形系列水密电连接器是 SubConn 公司全部水密电连接器中最基础的、最具代表性的产品。该系列产品于 1978 年面世，面向复杂、严苛的海洋使用环境。SubConn 圆形系列水密电连接器被认为是可靠且坚固的水下连接解决方案。同一组配对使用的 SubConn 圆形系列水密电连接器既可作为电源接续连接器使用，又可传递电信号。表 3.8 为 SubConn 圆形系列水密电连接器的主要性能参数。

表 3.8　SubConn 圆形系列水密电连接器主要性能参数

参数名称	数值及描述
连接器种类	湿插拔水密电连接器
连接器系列	圆形系列
芯数	1～25

续表

参数名称	数值及描述
耐水压(工作水深，插合状态)	≤20000psi(13700m)
额定工作电压	300～600VAC
额定工作电流	5～10A
工作温度	–4～60℃
储存温度	–40～60℃
绝缘电阻	>200MΩ
接触电阻	<0.01Ω
湿插拔次数	>500

　　SubConn 圆形系列水密电连接器由高质量氯丁橡胶制造,插座壳体可由黄铜、不锈钢及钛合金等材料制造；连帽由红色聚甲醛制造,接触件由镀金黄铜制造,定位销由不锈钢材料(如 AISI 303)制造。图 3.40 为 SubConn 圆形系列水密电连接器水密插头,图 3.41 为 SubConn 圆形系列水密电连接器水密插座。

图 3.40　SubConn 圆形系列水密　　　　图 3.41　SubConn 圆形系列水密
电连接器水密插头　　　　　　　　电连接器水密插座

　　SubConn 圆形系列水密电连接器水密插头由插头硫化橡胶体、插头连帽及弹性挡圈等组成；SubConn 圆形系列水密电连接器水密插座由插座硫化橡胶体、插座壳体、插针、定位销、弹性挡圈、插座连帽及 O 形橡胶密封圈等零部件组成。

　　SubConn 圆形系列水密电连接器还有外形尺寸更小的 SubConn 微小圆形系列水密电连接器。图 3.42 和图 3.43 分别为 SubConn 2 芯圆形系列水密电连接器及 SubConn 2 芯微小圆形系列水密电连接器外形尺寸。

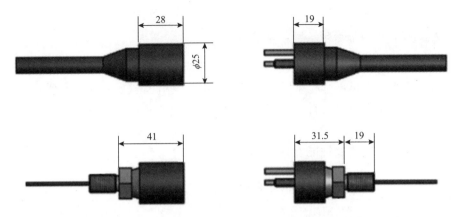

图 3.42 SubConn 2 芯圆形系列水密电连接器外形尺寸（单位：mm）

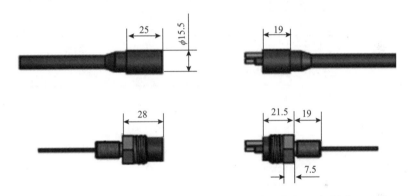

图 3.43 SubConn 2 芯微小圆形系列水密电连接器外形尺寸（单位：mm）

SubConn 圆形系列水密电连接器应用范围包括海洋石油与天然气开采、海底观测网、海洋科学仪器及设备、水下机器人、潜水系统及设备、水下摄像及照明系统、水下军事防卫领域等。图 3.44 为在水下电子舱上应用的 SubConn 圆形系列水密电连接器。图 3.45 为在水下摄像机上应用的 SubConn 微小圆形系列水密电连接器。

图 3.44 SubConn 圆形系列水密电连接器　　图 3.45 SubConn 微小圆形系列水密电连接器

2. SubConn 扁平系列水密电连接器

SubConn 扁平系列水密电连接器是为了适应水下系统和设备使用空间受到严格限制，或为了满足更紧凑布局要求而设计的。应用 SubConn 扁平系列水密电连接器，可使水下系统的设计及布局更优化、更紧凑、更简洁、更合理，同时可使传感器、声呐头等水下设备产生尽可能小的拖带阻力。表 3.9 为 SubConn 扁平系列水密电连接器的主要性能参数。

表 3.9　SubConn 扁平系列水密电连接器主要性能参数

参数名称	数值及描述
连接器种类	湿插拔水密电连接器
连接器系列	扁平系列
芯数	2～13
耐水压(工作水深，插合状态)	≤10000psi(7000m)
额定工作电压	300～600VAC
额定工作电流	5～10A
工作温度	-4～60℃
储存温度	-40～60℃
绝缘电阻	>200MΩ
接触电阻	<0.01Ω
湿插拔次数	>500

SubConn 扁平系列水密电连接器由高质量氯丁橡胶制造,插座壳体可由黄铜、不锈钢、钛合金或 PEEK 等材料制造，接触件由镀金黄铜制造，定位销由不锈钢材料制造。图 3.46 为 SubConn 扁平系列水密电连接器插头，图 3.47 为 SubConn 扁平系列水密电连接器插座。

图 3.46　SubConn 扁平系列水密电连接器插头　　图 3.47　SubConn 扁平系列水密电连接器插座

SubConn 扁平系列水密电连接器插头由插头硫化橡胶体、插针或插孔、定位销等组成；SubConn 扁平系列水密电连接器插座由插座硫化橡胶体、插座壳体、插孔或插针及 O 形橡胶密封圈等组成。

SubConn 扁平系列水密电连接器还有外形尺寸更小的 SubConn 微小扁平系列水密电连接器。图 3.48 和图 3.49 分别为 SubConn 7 芯扁平系列水密电连接器及 SubConn 7 芯微小扁平系列水密电连接器外形尺寸。

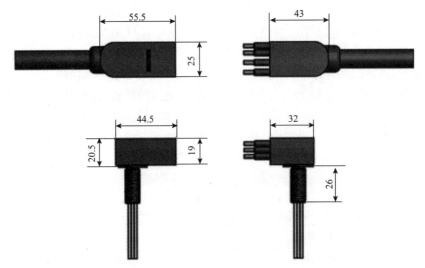

图 3.48　SubConn 7 芯扁平系列水密电连接器外形尺寸（单位：mm）

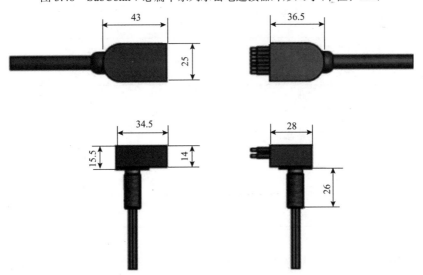

图 3.49　SubConn 7 芯微小扁平系列水密电连接器外形尺寸（单位：mm）

SubConn 扁平系列水密电连接器应用范围包括 ROV 系统、海洋科学仪器及设备、海洋石油与天然气开采、海底观测网、潜水系统及设备、水下摄像及照明系统、水下军事防卫领域等。

3. SubConn 金属壳系列水密电连接器

SubConn 金属壳系列水密电连接器是在 SubConn 圆形系列水密电连接器设计基础上，为了满足适应性更强、保护性更好及更加坚固的需求而设计的。SubConn 金属壳系列水密电连接器的插座为金属壳体，插头可与 SubConn 圆形系列水密电连接器共用。SubConn 金属壳系列水密电连接器插座共有 3 种壳体，即 MS1500、MS2000 及 MS2400。插座有穿壁式和法兰式两种安装方式。水密电连接器的插座可以是孔型，也可以是针型；同样，水密电连接器的插头可以是针型，也可以是孔型。表 3.10 为 SubConn 金属壳系列水密电连接器的主要性能参数。

SubConn 金属壳系列水密电连接器由高质量氯丁橡胶制造，连接器的金属壳体由不锈钢 (AISI 316) 材料制造，插针由镀金黄铜制造，插孔由镀金铍青铜制造，定位销由不锈钢材料制造，连帽由 ABS 工程塑料或聚甲醛制造。

表 3.10 SubConn 金属壳系列水密电连接器主要性能参数

参数名称	数值及描述
连接器种类	湿插拔水密电连接器
连接器系列	金属壳系列
芯数	2～12
耐水压（工作水深，插合状态）	≤10000psi（7000m）
额定工作电压	300～600VAC
额定工作电流	5～10A
工作温度	−4～60℃
储存温度	−40～60℃
绝缘电阻	＞200MΩ
接触电阻	＜0.01Ω
湿插拔次数	＞500

图 3.50 为 SubConn 金属壳系列水密电连接器孔型穿壁式插座，图 3.51 为 SubConn 金属壳系列水密电连接器针型法兰式插座。

图 3.50　SubConn 金属壳系列水密电连接器
孔型穿壁式插座

图 3.51　SubConn 金属壳系列水密电连接器
针型法兰式插座

SubConn 金属壳系列水密电连接器应用范围包括 ROV 系统、海洋科学仪器及设备、水下滑环组件、水下摄像及照明系统、水下军事防卫领域等。

4. SubConn 电源系列水密电连接器

SubConn 电源系列水密电连接器是为满足日益增长的高性能/高可靠性的水下系统电源供给需求而设计的。该系列水密电连接器产品共有 5 种规格，芯数为 1～4 芯，其中 4 芯产品有两种规格。表 3.11 为 SubConn 电源系列水密电连接器的主要性能参数。

SubConn 电源系列水密电连接器由高质量氯丁橡胶制造，连接器的金属壳体由不锈钢、黄铜或钛合金材料制造，接触件由镀金黄铜制造，定位销由不锈钢材料制造，连帽由不锈钢或聚甲醛材料制造。

表 3.11　SubConn 电源系列水密电连接器主要性能参数

参数名称	数值及描述
连接器种类	湿插拔水密电连接器
连接器系列	电源系列
芯数	1～4
耐水压（工作水深，插合状态）	≤20000psi（13700m）
额定工作电压	≤3000VAC
额定工作电流	≤250A
工作温度（水）	−4～60℃
储存温度	−40～60℃
绝缘电阻	＞200MΩ
接触电阻	＜0.01Ω
湿插拔次数	＞500

图 3.52 为 SubConn 电源系列水密电连接器的孔型插座，图 3.53 为 SubConn 电源系列水密电连接器的针型插头。

图 3.52　SubConn 电源系列水密　　　　图 3.53　SubConn 电源系列水密
　　电连接器孔型插座　　　　　　　　　　　电连接器针型插头

SubConn 电源系列水密电连接器主要应用于海洋石油与天然气的水下开采系统、ROV 系统、海底埋缆机等的电源供给，水下电池组充电，以及恶劣海洋环境下的电源接续等领域。

5. SubConn 以太网系列水密电连接器

SubConn 以太网系列水密电连接器是一种面向高性能、高速水下数据通信网络而设计的水密电连接器。该系列水密电连接器可满足千兆比特每秒数据及信号的传输速率要求，且降噪、抗干扰性能强。同一 SubConn 以太网系列水密电连接器可同时接续电源及传输数据信号。SubConn 以太网系列水密电连接器可按 SubConn 圆形系列、SubConn 扁平系列或 SubConn 金属壳系列制造。

SubConn 以太网系列水密电连接器由高质量氯丁橡胶制造，连接器的壳体由不锈钢、黄铜、钛合金或 PEEK 材料制造，插针由镀金黄铜制造，插孔由镀金铍青铜制造，连帽由聚甲醛制造。图 3.54 分别是上述 3 种结构型式的 SubConn 以太网系列水密电连接器。

　　(a)圆形系列　　　　　　　　(b)金属壳系列　　　　　　　　(c)扁平系列
图 3.54　SubConn 以太网系列水密电连接器

SubConn 以太网系列水密电连接器的应用范围包括海洋石油与天然气开采、

海底观测网、海洋科学仪器及设备、水下机器人、水下摄像及照明系统、水下军事防卫领域等。表 3.12 为 SubConn 以太网系列水密电连接器的主要性能参数。

表 3.12　SubConn 以太网系列水密电连接器主要性能参数

参数名称	数值及描述
连接器种类	湿插拔水密电连接器
连接器系列	以太网系列
芯数	≤13
耐水压(工作水深，插合状态)	≤8700psi(6000m)
额定工作电压(电源/数据)	≤600VAC/250VAC
额定工作电流(电源)	≤16A
传输速率	1Gbit/s
传输距离	≤75m
工作温度	4~60℃
储存温度	40~60℃
绝缘电阻	>200MΩ
接触电阻	<0.01Ω
湿插拔次数	>500

3.2.4　SEACON 湿插拔水密电连接器

前面已有介绍，美国 SEACON 公司是世界著名的水密连接器生产商之一。3.1.3 节介绍了其干插拔水密电连接器中的部分系列连接器，包括橡胶模压成型系列、55 和 66 系列、小型/微小型系列及金属壳系列等。实际上，SEACON 湿插拔水密电连接器的产品系列也十分丰富，包括 ALL-WET 系列、MICRO WET-CON 系列、ALL-WET SPLIT 系列、ALL-WET FLAT 系列、U-MATE 系列及 SEA-MATE 系列等。在结构和性能方面，SEACON 湿插拔水密电连接器与 SubConn 湿插拔水密电连接器基本相同。下面介绍的是 SEACON 分瓣式水密电连接器，该连接器是一种结构和应用特征都十分明显的湿插拔水密电连接器。

SEACON 分瓣式水密电连接器是一种应用灵活、质量稳定、性能可靠、用户友好型的湿插拔水密电连接器。它允许来自不同设备的多个水密插头连接到同一个穿壁安装的水密插座上。该系列水密电连接器有 2/4、2/8、2/12、2/16、2/24、

4/24、6/12、6/36、8/24、8/32、12/36 及 7/42 等多种规格。其中，前面的数字表示的是单个插头的芯数，后面的数字表示的是插座的总芯数。下面以 SEACON 4/24 分瓣式水密电连接器为例加以说明。

图 3.55 和图 3.56 分别是 SEACON 4/24 分瓣式水密电连接器的插头和插座。单个插头插针的数量为 4(另有 1 个定位销)，共有 6 个插头；插座插孔的数量为 24。

图 3.55　SEACON 4/24 分瓣式水密　　　　图 3.56　SEACON 4/24 分瓣式水密电
电连接器的插头　　　　　　　　　　　连接器的插座

SEACON 分瓣式水密电连接器的单个插头形状是插座圆柱体的六分瓣之一，6 个同样的插头刚好插满同一个插座。插头由插针、定位销及水密电缆等组成。插针由铅黄铜等材料加工并表面镀金，定位销由 316L 或 304 不锈钢材料加工。插针和定位销通过模具在平板硫化机上与水密电缆硫化成型为一体。在插头与水密电缆的结合部硫化出环状凸起，作为一个抓手，方便插头与插座的插拔操作。

SEACON 分瓣式水密电连接器的插座由插座壳体、插孔、支撑块及 O 形橡胶密封圈等组成。插孔由铍青铜等材料加工并表面镀金。插座壳体材料可以是黄铜，还可以是不锈钢或钛合金等。插座壳体的尾部加工螺纹，用于插座在密封舱上的安装。O 形橡胶密封圈用于插座与安装的密封舱间的密封。插座尾线穿过支撑块上的定位孔后与插孔连接。插孔和插座壳体通过模具在平板硫化机上硫化成型为一体。

SEACON 分瓣式水密电连接器在应用过程中如有必要，有插头和插座连帽可以选用，通过弹性挡圈安装在插头和插座上。图 3.57(a) 为插头和插座连帽及弹性挡圈。当插头与插座插合后，插头和插座连帽通过螺纹连接为一体，对插合后的 SEACON 分瓣式水密电连接器起到一定的保护作用，防止承受轴向拉力时使连接器意外拔脱。连帽可由非金属材料(如聚甲醛)加工而成，也可由金属材料(如不锈钢)加工而成。图 3.57(b) 为插合状态的 SEACON 分瓣式水密电连接器。

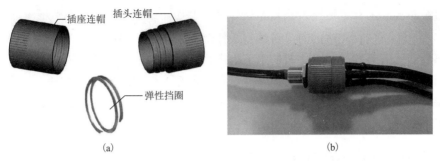

图 3.57　插头和插座连帽及弹性挡圈以及插合状态的 SEACON 分瓣式水密电连接器

SEACON 分瓣式水密电连接器主要应用于潜水员水下通信系统、ROV 系统、水下摄像及照明系统等。表 3.13 为 SEACON 分瓣式水密电连接器的主要性能参数。

表 3.13　SEACON 分瓣式水密电连接器主要性能参数

参数名称	数值及描述
连接器种类	湿插拔水密电连接器
连接器系列	分瓣式
芯数	4～42
耐水压（工作水深，插合状态）	≤10000psi（7000m）
额定工作电压	≤600VDC
额定工作电流	≤13A
工作温度	-4～60℃
储存温度	-40～60℃
绝缘电阻	> 500MΩ
接触电阻	< 0.01Ω
湿插拔次数	> 500

3.3　水下插拔连接器

海洋科学研究与海洋资源开发的迅速发展，以及人类对海洋进行长期、大范围观测与探索的需求，推动了水下插拔连接器的开发与应用。水下插拔连接器能够实现海底观测站与通信电缆之间的可靠连接，也为海底观测网系统的设备扩展与重组提供了有效的解决方案。

随着陆地油气田的不断开采和消耗，海洋石油与天然气在全球能源供应中越来越重要。人类开采海洋石油与天然气经历了从浅海到深海，从水上生产到水下生产的过程。目前，先进的海洋石油与天然气开采技术已经可以实现水深达 3000m 的海底油气资源的开采。一般的水下生产系统包括水下卧式采油树、中枢管汇、钢制跨接管、液压井控系统、电缆悬挂系统及水下控制系统等。其中，水下插拔连接器起到连接整个水下生产系统的作用，是水下生产系统不可或缺的组成部分和关键部件。

3.3.1 水下插拔连接器分类

水下插拔连接器主要有全电型、全光纤型及光电混合型等。水下插拔电连接器主要用于水下电源的接续及电信号的传输；水下插拔光纤连接器主要用于水下光信号传输及光纤和相关设备间的接续；水下插拔光电混合连接器则同时具备上述两种连接器的功能，可以同时满足光、电信号水下传输的需要。

水下插拔连接器属于水密连接器中的高端产品，结构复杂，对构成材料及加工工艺要求很高。世界上只有少数公司能够生产此类连接器。其中使用较广泛的是美国 Teledyne ODI 公司、美国 SEACON 公司和德国 GISMA 公司的水下插拔连接器。图 3.58 是 Teledyne ODI 公司的鹦鹉螺系列水下插拔电连接器和水下插拔光纤连接器；图 3.59 为 SEACON 公司的 CM2000 系列水下插拔电连接器；图 3.60 为德国 GISMA 公司的 80 系列水下插拔电连接器。

(a)水下插拔电连接器　　　　　　　(b)水下插拔光纤连接器

图 3.58　鹦鹉螺系列水下插拔连接器

图 3.59　CM2000 系列水下插拔电连接器　　图 3.60　80 系列水下插拔电连接器

3.3.2 水下插拔电连接器

1. 水下插拔电连接器构成

同其他水密电连接器一样，水下插拔电连接器由水密插头和水密插座两部分组成。其中，插座可以是针型插座（接触件为插针），也可以是孔型插座（接触件为插孔）。相应地，插头可以是孔型插头，也可以是针型插头。

通常，水下插拔电连接器需要长期在水下工作，其插合与分离经常是在复杂的水下环境中完成的。尤其在大工作水深环境下，水下插拔电连接器的插合与分离不可能由潜水员人工完成，而只能借助 ROV，通过 ROV 上搭载的机械手来完成。因此，与常见的干插拔或湿插拔水密电连接器相比，水下插拔电连接器对接的准确性及可靠性要求更高。同时，对接后水下插拔电连接器的插头与插座还应具有联锁功能，并在分离时能方便地自解锁。总之，水下插拔电连接器的工作环境及状态决定了其构成与其他系列水密电连接器相比要复杂得多。下面以典型的水下插拔电连接器为例，对其构成情况加以介绍和说明。

1）水下插拔电连接器插座

水下插拔电连接器在结构上有其自身的特点。图 3.61 为一种水下插拔电连接器的针型法兰式插座结构。它由插座壳体、复合插针、插座绝缘体、插座环氧树脂灌封体及 O 形橡胶密封圈等零部件组成。

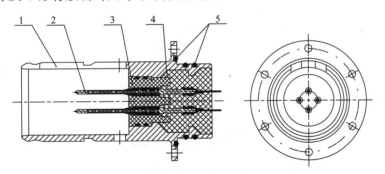

图 3.61　水下插拔电连接器针型法兰式插座结构
1-插座壳体；2-复合插针；3-插座绝缘体；4-插座环氧树脂灌封体；5-O 形橡胶密封圈

其中，插座壳体的前端倒角呈腰鼓状，便于插头与插座在一定轴向偏角范围内的非准直情况下，也能实现平顺插合对接。插座壳体上开有一个轴向条形槽，其前端具有 V 形开口，用于与插头壳体前端的圆柱形导向键配合定位。插座壳体上还加工了一个环形卡槽，用于与插头上的联锁卡爪配合，实现插合后插头和插座的联锁功能。插座壳体的尾部加工了圆法兰，法兰上开有安装孔，用于插座在水下结构或水下电子舱等部件上的安装。插座与安装的密封舱间的密封由两道径向密封和一道端面密封实现。图 3.62 为水下插拔电连接器针型法兰式插座 3D 模型图。

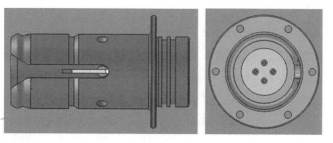

图 3.62　水下插拔电连接器针型法兰式插座(3D 模型)

插座壳体材料通常选用耐海水腐蚀性能良好的 316L 不锈钢或钛合金加工制造。

水下插拔电连接器所用插针与常规水密电连接器所用插针不同，它是一种复合插针。复合插针不像其他系列常规水密电连接器所用插针由单一金属材料加工而成，它是由金属插针体和复合在插针体外的非金属绝缘材料一体模压成型的。图 3.63 是水下插拔电连接器复合插针。

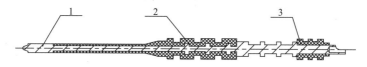

图 3.63　水下插拔电连接器复合插针
1-插针体；2-前部复合体；3-后部复合体

插针体材料可以是铍青铜、铅黄铜及其他常用插针材料；外面复合的绝缘材料为 PEEK。图 3.64 为水下插拔电连接器复合插针实物。

图 3.64　水下插拔电连接器复合插针(实物)

PEEK 是一种重要的、在水密连接器中(尤其是水下插拔连接器中)广泛应用的非金属材料。鉴于其重要性，有必要单独对其性能加以介绍。

PEEK 是英国 ICI 公司于 1977 年合成的一种热塑性高分子材料。由于它具有极其优异的物理、力学性能，长期以来一直被视为一种重要的战略性军工材料。其性能描述如下。

(1)机械特性。PEEK 在所有工程塑料中耐疲劳性最出众,可与合金材料媲美;具有很好的自润滑性,摩擦系数低、耐磨性好。

(2)耐腐蚀性。PEEK 具有优异的化学稳定性，在通常的化学试剂中，能溶解或破坏它的只有浓硫酸。

(3)耐剥离性。PEEK 的耐剥离性很好，可制成很薄的包覆层且不易剥离。

(4)电绝缘性。PEEK 是理想的电绝缘体，即使在高温、高压及高湿度等恶劣的环境条件下，仍能保持良好的电绝缘性。

(5)PEEK 的耐高温、阻燃、抗辐射、可加工等方面的性能同样优异。

正是由于 PEEK 材料具有上述诸多优异性能，它在石油化工、电子电气、航空航天、军工核能等众多重要领域都得到了广泛应用，在水密连接器(尤其是水下插拔连接器)上得到了几乎无可替代的应用。

2)水下插拔电连接器插头

在水下插拔电连接器插头的组成及结构中，有两部分机构是必不可少的：一是对 ROV 机械手的接口部分，即 ROV 手柄；二是对接联锁机构。图 3.65 为水下插拔电连接器插头结构，它是由对接联锁机构和插头体两部分组成的。

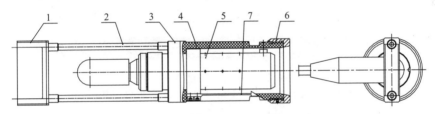

图 3.65　水下插拔电连接器插头结构

1-ROV 手柄；2-连接杆；3-连接环；4-联锁圆柱壳体；5-插头体；6-对中环；7-联锁卡爪

其中，对接联锁机构由 ROV 手柄、连接杆、连接环、联锁圆柱壳体、联锁卡爪、对中环等零部件组成。联锁卡爪通常有 3 件，均匀安装在插头体的外侧，利用其金属自身具有的弹性及外部安装的径向复位弹簧，实现连接器在水下插合或分离时的联锁或解锁功能。联锁卡爪的材料通常为 316L 不锈钢或钛合金。

ROV 手柄用于 ROV 机械手的抓取与夹持，它可以有标准型、加长型、V 形、鱼尾形等多种结构型式，以满足不同的工作条件及环境需要。ROV 手柄通常由工程塑料加工制造。图 3.66 为水下插拔电连接器插头 3D 模型图。

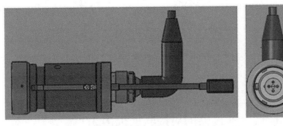

图 3.66　水下插拔电连接器插头(3D 模型)

图 3.67 为水下插拔电连接器插头体结构，它由插孔定位块、圆形定位键、复合插孔、插头皮囊、插头壳体、硫化橡胶体等零部件组成。

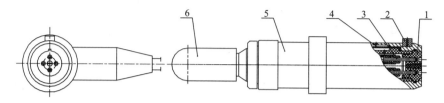

图 3.67　水下插拔电连接器插头体结构
1-插孔定位块；2-圆形定位键；3-复合插孔；4-插头皮囊；5-插头壳体；6-硫化橡胶体

图 3.68 为水下插拔电连接器插孔结构。与常规水密电连接器用插孔不同，该插孔也是一种复合插孔。它由梭销、插孔皮囊、复位弹簧、插孔体及 PEEK 绝缘件等组成。图 3.69 为水下插拔电连接器插孔实物。

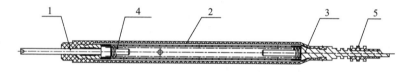

图 3.68　水下插拔电连接器插孔结构
1-梭销；2-插孔皮囊；3-插孔体；4-复位弹簧；5-PEEK 绝缘件

图 3.69　水下插拔电连接器插孔(实物)

利用模具及平板硫化机，通过橡胶硫化工艺模压成型的硫化橡胶体，将插头用水密电缆与插头体连为一体。其弯曲角度根据实际需要可以有多种选择，经常选用的角度为 0°、45°、60°及 90°，如图 3.70 所示。

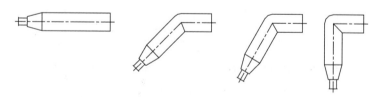

图 3.70　不同弯曲角度的水下插拔电连接器插头硫化橡胶体

2. 水下插拔电连接器对接联锁机构

图 3.71 是水下插拔电连接器的对接联锁机构 3D 模型图。对接联锁机构安装在水下插拔电连接器插头体的外部。

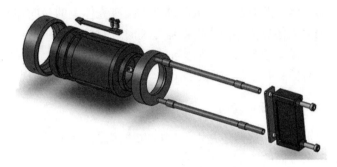

图 3.71　对接联锁机构(3D 模型)

与干插拔和湿插拔水密电连接器不同，水下插拔电连接器通常需要在复杂的水下环境下完成插拔操作。尤其在大工作水深环境下，不适合潜水员作业时，必须由 ROV 操作手通过遥控操作 ROV 机械手来完成。这是水下插拔电连接器工作的特殊性。一方面，由于 ROV 机械手的操作是由母船控制间里的 ROV 操作手通过水下摄像机的观察进行的遥控操作，对 ROV 操作手的要求较高，要具有较丰富的实操经验。另一方面，插拔操作对水下插拔电连接器的对接结构及连接结构提出了很高要求。同时，对接后连接器的插头与插座还应具有联锁功能，将插头与插座联锁为一个整体，保证连接器工作的安全性及可靠性，并在需要分离时能方便自解锁。因此，水下插拔电连接器必须设计对接联锁机构，以保证水下对接插合过程的准确性及可靠性。

水下插拔电连接器对接联锁机构的要求归纳起来有以下几点。

(1)插头与插座插合时，保证轴向偏角在一定范围内(通常不大于 5°)均可实现对接。

(2)插头与插座的接触件对接前，首先应能实现插头与插座轴向同轴准直。

(3)插头与插座插合到位后，将插头与插座可靠地联锁为一体。

(4)插头与插座分离时，将插头与插座先行解锁。

如上所述，插座壳体上开有一个轴向的条形槽和一个径向的环槽；插头壳体的前端有一个导向键。连接器插合过程开始阶段，插头壳体上的导向键进入插座壳体上的条形槽内，以此来保证插头与插座的轴向准直姿态；在插头对接联锁机构的前端安装对中环，其内表面为光滑锥面，用以校正插头与插座对接时的轴向偏角，达到防斜插和准直的目的。

水下插拔电连接器的插头与插座在插合后的联锁功能，以及分离时的自解锁功能，是通过插头上的联锁卡爪及插座上的径向环槽实现的。连接器插合开始阶段完成后进行接触件的对接；在 ROV 机械手推力作用下，接触件对接到位后，即插头与插座的插合过程完成。为了保证连接器能够安全、可靠地工作，需将插头与插座联锁为一体。此时联锁卡爪前端进入插座壳体上的径向环槽内，并在径向弹簧弹力作用下卡住环槽。而当连接器分离时，对接联锁机构在 ROV 机械手拉力作用下，克服径向锁紧力，将插头上的联锁卡爪从插座上的径向环槽中撬起并滑出环槽。此时插头在 ROV 机械手拉力作用下便可与插座实现分离。

3. 水下插拔电连接器的密封

无论是常规水密电连接器还是水下插拔电连接器，在设计和使用过程中都必须解决好以下三个方面的关键技术问题：

(1)连接器插合前的对接及插合后的联锁问题；

(2)连接器接触件的密封及插合后连接器的整体密封问题；

(3)连接器插头与插座在插合前后的绝缘问题。

前面对水下插拔电连接器的对接联锁机构进行了简要描述，以下主要对水下插拔电连接器密封问题的解决加以说明。

水下插拔电连接器的密封包括两部分内容：一是分离状态下插头和插座各自的独立密封；二是水下插合过程中及插合后每对接触件的独立密封。其中，在水下插合过程中每对接触件的独立密封是一个动态密封过程，是解决水下插拔电连接器密封问题的关键所在，也是水下插拔电连接器需重点突破的核心关键技术。

为此，在孔型水密插头的复合插孔设计中，引入非金属梭销作为过渡件。这样一来，将通常的插针与插孔直接插合方式，转化为插针经梭销过渡后再与插孔插合的方式。在这一转化过程中，插合主体实现过渡转换的同时，密封主体也实现了过渡转换。在插头与插座插合前，梭销在复位弹簧作用下抵住插孔入口，并通过与入口处的密封件配合，实现插孔的密封。图3.72是插合前插针与插孔的相对位置示意图。

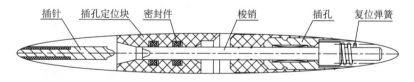

图 3.72　插针与插孔(插合前)示意图

插针　插孔定位块　密封件　梭销　插孔　复位弹簧

水密插头与水密插座在水下插合时，插针推动梭销，梭销压缩复位弹簧向插孔内部移动，插孔入口处的密封由梭销转交给插针，直至插针与插孔插合到位，如图3.73所示。而在水密插头与水密插座分离时，梭销在复位弹簧作用下，始终保持与插针紧密接触，直至插针在插孔入口处将密封功能重新交还给梭销，实现水密插座与水密插头分离后对插孔的可靠密封。

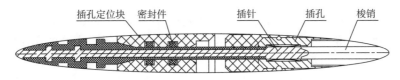

图 3.73　插针与插孔（插合后）示意图

图 3.74 是水密插头与水密插座在水下插合前，插孔与插针刚刚接触时的位置 3D 模型图；图 3.75 是水密插头与水密插座在水下插合到位后，插孔与插针导通的位置 3D 模型图。

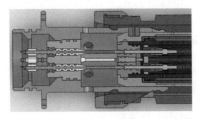 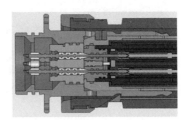

图 3.74　水密插头与水密插座（插合前）　　图 3.75　水密插头与水密插座（插合后）
（3D 模型）　　　　　　　　　　　　（3D 模型）

4. 水下插拔电连接器的绝缘

水下插拔电连接器的绝缘包括两个层级的绝缘，即接触件彼此间的绝缘和接触件对连接器壳体间的绝缘。由于水下插拔电连接器的插合与分离都是在水下进行的，水密插头和水密插座在水下插合与分离过程中的绝缘是绝缘问题的关键所在。水下插拔电连接器的绝缘通常是采用充油压力补偿的双重皮囊结构方式实现的。图 3.76 为水下插拔电连接器孔型插头 3D 模型图。

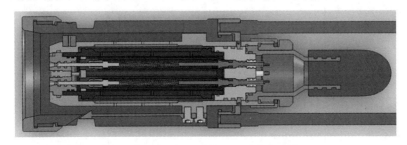

图 3.76　水下插拔电连接器孔型插头（3D 模型）

首先，将水密插座上的每只插孔独立包裹在充油的插孔皮囊内（第一层皮囊），利用绝缘油液及皮囊橡胶材料的绝缘特性，结合整体优化的接触件排布，实现插孔与插孔间的绝缘。其次，将水密插头的所有插孔装配到由 PEEK 材料加工的插头绝缘体和插孔支撑块上,再将整个装配体包裹在充油的插孔组皮囊内(第二层皮囊),利用绝缘油液、橡胶及 PEEK 材料的优异的绝缘性能,实现插孔与插头壳体间的绝缘。最后,当水密插头与水密插座在水下插合或分离时,插头插孔与插座插针的插合或分离过程始终在皮囊包裹的密封绝缘油液中进行,这就保障了插合过程中接触件与外部的可靠绝缘。经充油并实现与环境水压平衡的水密插头还可以具备更大的工作水深,甚至全海深的工作能力。图 3.77 为水下插拔电连接器插头体双重皮囊绝缘结构 3D 模型图。

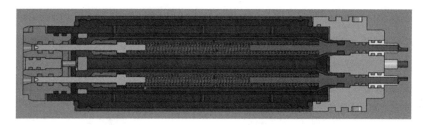

图 3.77　插头体双重皮囊绝缘结构(3D 模型)

5. 水下插拔电连接器性能参数

如前所述,获得广泛应用的水下插拔电连接器主要有美国的 Teledyne ODI 公司、SEACON 公司和德国的 GISMA 公司的产品。表 3.14 为美国 Teledyne ODI 公司鹦鹉螺系列水下插拔电连接器的性能参数;表 3.15 为美国 SEACON 公司 CM2000 系列水下插拔电连接器的性能参数[1];表 3.16 为德国 GISMA 公司 80 系列水下插拔电连接器的性能参数。

表 3.14　Teledyne ODI 公司鹦鹉螺系列水下插拔电连接器性能参数

参数名称	参数值	参数名称	参数值
操作方式	ROV	额定工作电流	30A/芯
芯数	4、7、12	额定工作电压	1.8kVAC(相-地)
			3kVAC(相-相)
壳体材料	钛合金	接触电阻	<10mΩ
插拔次数	>100	绝缘电阻	>10GΩ@1kVDC
插合力	<6 lbf/芯	工作温度	−2～50℃
分离力	<50 lbf	储存温度	−25～60℃
设计寿命	25 年	环境压力	>3000psi/全海深(压力补偿)

注:1lbf=4.4482N;@1kVDC 指测试电压为 1kVDC

表 3.15　SEACON 公司 CM2000 系列水下插拔电连接器性能参数

参数名称	参数值	参数名称	参数值
操作方式	潜水员或 ROV	额定工作电流	≤100A
芯数	4、7、12	额定工作电压	3.3kVAC（相-地）
壳体材料	钛合金/17-4PH/316SS	接触电阻	≤10mΩ
插拔次数	100	绝缘电阻	>10GΩ@1kVDC
插合力	<6 lbf/芯	工作温度	0~65℃
分离力	1.5 lbf/芯	储存温度	−25~65℃
设计寿命	25 年	环境压力	10000psi

表 3.16　GISMA 公司 80 系列水下插拔电连接器性能参数

参数名称	参数值	参数名称	参数值
操作方式	ROV	额定工作电流	≤20A
芯数	4、7、12	额定工作电压	≤700VDC
壳体材料	钛合金/316L	接触电阻	≤4mΩ
插拔次数	200	绝缘电阻	>1GΩ@2.5kVDC
插拔力	≈250N	工作温度	5~0℃
接触偶直径	3mm	储存温度	18~50℃
设计寿命	25 年	环境压力	300bar/600bar

注：1bar=0.1MPa

水下插拔电连接器技术复杂，对材料、工艺水平要求很高。水下插拔电连接器的设计及生产工艺技术主要掌握在少数国家手中，相关技术对外严格保密，市场处于垄断地位。水下插拔电连接器价格十分昂贵，有些情况下进口受到一定限制。

3.3.3　水下插拔光纤连接器

自 20 世纪 80 年代，光纤通信系统就给电信工业带来了变革，光纤通信系统具有传输容量大、抗干扰能力强、保密性好等优点。光纤通信已经成为当今最主要的有线通信方式，尤其是在远距离跨大洋通信领域。1988 年，在美国与英国、法国之间敷设了越洋的海底光缆系统，全长 6700km。这条光缆含有 3 对光纤，每对光纤的传输速率为 280Mbit/s，中继站距离为 67km。这是第一条跨越大西洋的通信海底光缆，标志着海底光缆时代的到来。1989 年，跨越太平洋的海底光缆

（全长 13200km）也建设成功，从此，海底光缆就在跨越海洋的洲际海缆领域取代了同轴电缆，远洋洲际不再敷设海底电缆。海底光缆的普遍应用，为水下插拔光纤连接器提供了研发动力和应用机遇。

正如水下插拔电连接器的研发滞后于海底电缆许多年，水下插拔光纤连接器的使用同样晚于海底光缆的使用。当海底光缆的工艺已经相当成熟时，人们才开始研制水下插拔光纤连接器。第一代水下插拔光纤连接器直到 20 世纪 80 年代中期才得以应用，但只能提供一路光通道，而且效果不是非常理想。20 世纪 90 年代中期，以美国 Teledyne ODI 公司为代表研发的水下插拔光纤连接器才真正得以应用。

下面简要介绍几种国外的水下插拔光纤连接器产品，其中海洋工程领域广泛使用的是 Teledyne ODI 公司的 APC Rolling Seal 水下插拔光纤连接器，如图 3.78 所示。

图 3.79 是美国 SEACON 公司的 HYDRALIGHT-APC 水下插拔光纤连接器。

图 3.78　APC Rolling Seal 水下　　图 3.79　HYDRALIGHT-APC 水下插拔光纤连接器
　　插拔光纤连接器

表 3.17 是 Teledyne ODI 公司的 APC Rolling Seal 水下插拔光纤连接器的性能参数。

表 3.17　APC Rolling Seal 水下插拔光纤连接器性能参数

参数名称	参数值	参数名称	参数值
操作方式	潜水员或 ROV	插入损耗	< 0.5dB@1310/1550nm
芯数	最多 8 芯	回波损耗	< −45dB@1310/1550nm
壳体材料	钛合金或 316L	设计寿命	25 年
插合力	< 120 lbf	工作温度	5～40℃
分离力	< 100 lbf	储存温度	30～60℃
插拔次数	100	环境压力	10000psi

SEACON 公司的 HYDRALIGHT-APC 水下插拔光纤连接器是一款高度集成、

最多可达 8 通道、采用充油压力补偿技术设计的水下插拔光纤连接器。同时，它也是美国 SEACON 公司最具代表性的、经过大量实际应用检验的高性能水下插拔光纤连接器。表 3.18 是 HYDRALIGHT-APC 水下插拔光纤连接器的性能参数。

表 3.18　HYDRALIGHT-APC 水下插拔光纤连接器性能参数

参数名称	参数值	参数名称	参数值
操作方式	潜水员或 ROV	插入损耗	< 0.5dB
芯数	最多 8 芯	回波损耗	< −45dB
壳体材料	钛合金	设计寿命	25 年
插合力	< 140 lbf	工作温度	5～45℃
插合/分离速度	< 0.3m/s	储存温度	20～60℃
插拔次数	100	工作水深	7000m

　　图 3.80 是西门子公司的 Foe TRON 水下插拔光纤连接器结构，其性能参数如表 3.19 所示。

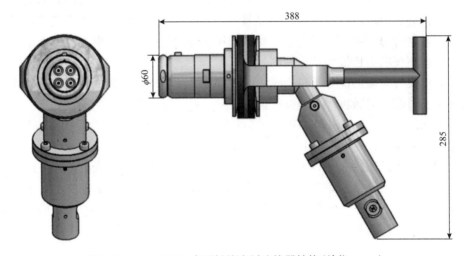

图 3.80　Foe TRON 水下插拔光纤连接器结构(单位：mm)

表 3.19　Foe TRON 水下插拔光纤连接器性能参数

参数名称	参数值	参数名称	参数值
操作方式	ROV	插入损耗	< 1dB@ 1310/1550nm
芯数	4 芯	回波损耗	< −25dB

续表

参数名称	参数值	参数名称	参数值
壳体材料	钛合金	设计寿命	25 年
插合力	< 75kg	工作温度	0~40℃
分离力	< 105kg	储存温度	−40~70℃
插拔次数	100	工作水深	3000m

3.3.4　水下插拔光电混合连接器

随着海洋开发与探测范围越来越广，深度越来越大，光电复合海缆及水下插拔光电混合连接器的应用与需求也越来越广泛。光电复合海缆是一种既能传输电能，又能实现光纤通信的复合海缆。与分别敷设海底电缆和海底光缆相比，敷设光电复合海缆具有综合成本低、施工时间短、敷设方便等诸多优点。

光电复合海缆广泛应用于海洋石油与天然气生产系统、海底观测网等海底信息网络；另外，大陆与岛屿之间、岛屿与岛屿之间，以及穿越江河湖海的电力和信息传输等，也广泛使用光电复合海缆。随着蓬勃发展的海上风力发电项目的开发，光电复合海缆更是大显身手。我国近年建设的近海试验风电场全部采用光电复合海缆实现电力传输和远程控制。

光电复合海缆的优势与越来越广泛的应用，使得水下插拔光电混合连接器成为应用前景较好的特种水下插拔连接器之一。

图 3.81 是美国 Teledyne ODI 公司的 NRH 水下插拔光电混合连接器，具有 2 芯电通道和 4 芯光纤通道，其性能参数见表 3.20。

图 3.82 是美国 SEACON 公司的 HYDRALIGHT 水下插拔光电混合连接器。该连接器是在充分继承 CM2000 水下插拔电连接器及 HYDRALIGHT-APC 水下插拔光纤连接器的先进技术基础上研制的。表 3.21 是 HYDRALIGHT 水下插拔光电混合连接器的性能参数。

图 3.81　NRH 水下插拔光电混合连接器　　　图 3.82　HYDRALIGHT 水下插拔光电混合连接器

表 3.20 NRH 水下插拔光电混合连接器性能参数

参数名称	参数值	参数名称	参数值
操作方式	潜水员或 ROV	插入损耗	< 0.5dB @ 1310/1550nm
芯数	电 2 芯+光纤 4 芯	回波损耗	< −30dB @ 1310/1550nm
绝缘电阻	≥10GΩ @ 1kVDC	接触电阻	< 30mΩ @ > 10A
额定工作电流	30A/芯	额定工作电压	≤3.3kVDC 1kVAC（相-地） 2kVAC（相-相）
壳体材料	钛合金	设计寿命	25 年
插合力	< 120 lbf	工作温度	−5〜40℃
分离力	< 100 lbf	储存温度	−30〜60℃
插拔次数	> 100	环境压力	10000psi

表 3.21 HYDRALIGHT 水下插拔光电混合连接器性能参数

参数名称	参数值	参数名称	参数值
操作方式	ROV	插入损耗	< 0.5dB @ 1310/1550nm
芯数	电 1〜4 芯+光纤 6〜48 芯	回波损耗	< −45dB @ 1310/1550nm
绝缘电阻	≥10GΩ @ 1kVDC	接触电阻	< 10mΩ
额定工作电流	10A	额定工作电压	1kVAC
壳体材料	钛合金	设计寿命	25 年
插合力	< 140 lbf	工作温度	0〜40℃
分离力	< 100 lbf	储存温度	−20〜60℃
插拔次数	> 100	环境压力	6525psi

3.3.5 水下插拔连接器应用

上文重点对水下插拔电连接器进行了介绍。现有非水下插拔的水密连接器通常在空气中进行插拔操作，连接好之后再放入水中使用。当水下设备需要进行维修、更换、增减时，也必须先将设备浮出水面，才能进行连接器的分离和插合。这种操作方式费时费力、成本高。在水下作业场合，如潜水设备、海上油田的电气设备、高压水阀门、压力变送器、水下电话、快速抢修设备等装备上，电气接口最好能够在水下进行插拔,以实现在水下快速、经济地进行设备的组装、增减、更换等工作,这是对水下插拔连接器的重大需求。

水下插拔连接器的主要应用之一是海洋石油及天然气生产领域。例如,美国Teledyne ODI 公司的水下插拔连接器 90%应用于该领域。

海洋石油及天然气水下生产系统多位于几百至几千米深的海底,应用于这种深度下的采油设备的水下插拔连接器,其安装、插合及分离等操作单独依靠潜水员是无法完成的,而只能依靠 ROV 来实现,这是水下插拔连接器应用中的突出特点。图 3.83 是 ROV 在水下进行水下插拔连接器的插拔作业情形。

图 3.83　水下插拔连接器插拔作业(见书后彩图)

水下插拔连接器的另一个主要应用领域是海底观测网等水下信息网络系统。水下插拔连接器实现了海底观测站与通信电缆之间的可靠连接,也为海底观测网系统的设备扩展与重组提供了有效的解决方案。

随着技术的发展,卫星遥感和海面浮标已能监测海洋表面变化,但是卫星遥感难以穿透厚重的海水层观测海底。传统的海底科学考察主要利用船只进行海底的地质地球物理调查,获取海底地形、海底地层结构等信息。但调查船只能进行短暂的考察,难以获取海底随时间变化的信息。因此,海底的科学研究需要新的技术手段[2]。

为了更好地实现长期、实时、连续对海洋内部精细结构进行观测的目标,自20 世纪 90 年代开始,各海洋大国竞相发展海底观测网技术。海底观测网技术利用光电复合海缆将一系列海洋观测仪器和陆地相连接。海底观测网采用光纤通信技术,实现海洋观测仪器获取的大量信息数据的实时回传;采用高压直流供电技术,为海底观测设备提供连续、远距离、大功率的电能供给;采用水下插拔连接器技术,为海洋观测传感器与海底观测网之间提供接口。海底观测网由于具有特有的能源供给与信息传输优势,受到了广泛关注与重视。海底观测网可以全天候、多参数、长期、实时、连续地观测海洋内部过程及其相互关系,可应用于海底天然气水合物、海底地震监测和海啸预警、海底热液活动等方面的研究,是探索海洋科学研究的新观测平台[3]。

加拿大海王星海底观测网（东北太平洋时间序列海底网络实验，North East Pacific Time-series Undersea Networked Experiment，NEPTUNE）位于东太平洋的胡安·德·夫卡板块最北部，是世界首个深海海底观测网。其组网方式是利用光电复合海缆将各个节点连接到岸基站，每个节点可连接多台海底观测仪器及传感器。NEPTUNE 于 2009 年 12 月 8 日正式启用，它以板块构造运动、海底流体、海洋生物与气候、深海生态系统为观测目标，通过海底光缆连接安装在海底的仪器设备，进行实时、连续的观测，并通过光电复合海缆将观测信息传回陆地实验室。

NEPTUNE 是一个开放系统。除节点自带的标准仪器外，没有其他仪器。它的主要目的是通过提供光电复合海缆这一基础设施，吸引并协调全世界科研单位来安装各自的仪器，数以百计的水下传感器实时或者近乎实时地向陆地实验室传输观测数据和图像，并将采得的数据在网上与全世界共享[4]。在这些观测仪器及传感器的扩充或更换的过程中，水下插拔连接器起到了重要的、不可或缺的作用。图 3.84 为水下插拔连接器在 NEPTUNE 中的应用。

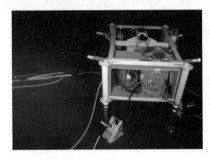

图 3.84　水下插拔连接器在 NEPTUNE 中的应用（见书后彩图）

除此之外，国外已建成和在建海底观测网还有多处。例如，加拿大的维多利亚海底试验网（Victoria Experimental Network Under the Sea，VENUS）位于温哥华岛的南端。VENUS 主要为海底观测技术提供试验基地，同时研究与海洋生物、海洋化学相关的课题。美国蒙特雷湾加速研究系统（Monterey Accelerated Research System，MARS）位于蒙特雷湾。MARS 是美国和加拿大深海海底观测网系统设备的主要试验场所，也是国际深海海底观测网系统设备的主要试验场所。2011 年 4～10 月，MARS 为我国同济大学深海观测设备进行了"中国连缆观测站试验"[2]。图 3.85 和图 3.86 是水下插拔连接器在 VENUS 及 MARS 中的应用。另外一些欧洲国家和日本也建设了海底观测网系统。

图 3.85 水下插拔连接器在 VENUS 中的应用

图 3.86 水下插拔连接器在 MARS 中的应用

相比而言，国内的海底观测网技术起步较晚。我国于"十一五"期间启动了863 计划项目"海底观测组网技术的试验与初步应用"，研制了一个观测节点，并在 MARS 上进行了半年的海试。"十二五"期间，我国继续开展了 863 计划项目"岸基光纤列阵水声综合探测系统"。中国科学院声学研究所联合国内相关大学、研究所及企业，在"十一五"研究的基础上，进一步突破了海底观测网节点及组网、网络布放与维护、系统控制和原位多参数探测等技术，在我国南海海域构建一个海底观测网试验系统，使之成为我国海底观测技术的试验基地，并实现对海洋动力环境、化学环境、地球物理环境的长时间实时监测。经过两个五年计划的实施，我国在海底观测网的标准和规范制定、主次接驳盒研制、水下插拔连接器研制、传感器观测平台集成、光电传输、远程故障诊断、数据综合管理等关键技术方面获得了长足进步，逐步缩小了与发达国家的差距。

3.3.6 水下插拔连接器在三亚海底观测示范网的应用

三亚海底观测示范网是中国科学院重大科技基础设施预先研究项目，于 2011年启动，2013 年 5 月建成。参与研制的单位有中国科学院南海海洋研究所(科学需求)、中国科学院沈阳自动化研究所(接驳盒及组网)和中国科学院声学研究所(声学传感器)。

三亚海底观测示范网是在三亚海洋观测实验站的基础上，通过基于接驳盒技术的有线网络和基于水声通信技术的无线网络连接方式，将各个坐底式海底和海底边界层观测系统、上层海洋环境观测系统和多学科观测系统等结合构成一个整体，实现电能传输、观测数据和信息的实时传输，从而获得实时、长期的科学观测数据的网络，其节点示意图如图 3.87 所示。

图 3.87   三亚海底观测示范网节点示意图

三亚海底观测示范网由岸基站、2km 长光电复合海缆、1 个主接驳盒和 1 个次接驳盒、3 套观测设备、1 个声学网关节点与 3 个观测节点构成，并具有扩展功能。岸基站提供 10kV 高压直流电，接驳盒布放在 20m 水深的海底。三亚海底观测示范网是我国首个真正意义的海底观测网。

水下插拔连接器在三亚海底观测示范网上的应用主要体现在如下几个方面。

（1）主接驳盒的可维护性。主接驳盒是海底观测网在水下的分支和汇聚节点，担负着电能总分配和通信水下总节点的关键职能。如果主接驳盒出现故障，将导致与其连接的次接驳盒无法工作，影响面较大。因此，如何快速、方便地对主接驳盒进行维护维修，在尽可能短的时间内恢复系统，是海底观测网建设和维护需要重点考虑的问题之一。主接驳盒连接光电复合海缆，且一般设计成不可分离的连接方式，因此，主接驳盒需要出水维修时不能与光电复合海缆分离，这将给维修作业带来很大的困难。海底观测网在设计时，一般将光电复合海缆连接到主接驳盒基座上，且将基座设计成可分离结构，这样，主接驳盒和基座分离后，便可打捞出水面，进行维护维修，而基座连同光电复合海缆则无须出水，大大降低了维护维修作业的难度。水下插拔连接器使主接驳盒的这种可分离结构设计成为可能并为日后的维护维修作业带来巨大的便利。图 3.88 为带基座的主接驳盒及与基座分离后被吊起的主接驳盒。

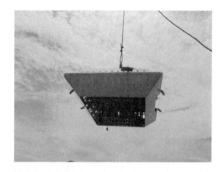

图 3.88　海底观测网用主接驳盒

（2）主接驳盒与次接驳盒的连接与分离。主接驳盒一般连接多个次接驳盒，主次接驳盒之间的连接与分离均需使用水下插拔连接器来实现。一般在海底布放时，首先将主接驳盒和次接驳盒分别布放到海底，然后将二者通过水下插拔连接器在水下进行连接。图 3.89 为次接驳盒及主次接驳盒连接用水下插拔连接器。

(a)次接驳盒　　　　　　　　　　　　(b)水下插拔连接器

图 3.89　次接驳盒及主次接驳盒连接用水下插拔连接器

（3）传感器的连接。海底观测网中用于海底观测的各种传感器与接驳盒的连接也需通过水下插拔连接器实现。当传感器需要更换或者需要维修时，只需将水下插拔连接器在水下分离，便可以将传感器打捞出水，进行更换或者维修。图 3.90 为次接驳盒上连接各种传感器用水下插拔连接器。

从图 3.90 中可以看到，次接驳盒连接声学多普勒流速剖面仪（acoustic Doppler current profiler，ADCP）、声学网关、水质仪等传感器，这些传感器均是通过水下插拔连接器与次接驳盒进行连接的。

三亚海底观测示范网应用多种类型的水下插拔连接器，如图 3.91 所示。

海底观测网使用的多种水下插拔连接器包括高压型水下插拔连接器、中低压型水下插拔连接器及水下插拔光纤连接器等。其中高压型水下插拔连接器适用于高压电的接续和传输。海底观测网传输的高压直流电可达 10000V，因此需采用适合高压传输的连接器。图 3.91 中高压穿壁件即高压型水下插拔连接器。中低压型水下插拔连接器用于一般等级的电压传输。其外形尺寸相比高压型水下插拔连接器要小些，满足电压要求不高的使用需求。水下插拔光纤连接器用于水下光信号的接续和传输。该种连接器可进行光的无源转接和传输。图 3.91 中光接插件即水下插拔光纤连接器。

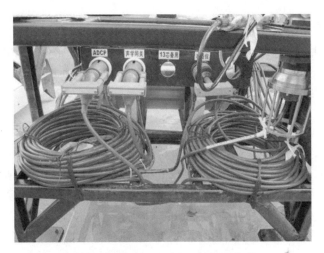

图 3.90　次接驳盒用水下插拔连接器

图 3.91　不同类型水下插拔连接器

3.3.7　水下插拔连接器选用

水下插拔连接器技术复杂、工艺难度大、加工检测成本高，因此售价昂贵。价格因素是水下插拔连接器选用的重要参考因素之一。影响水下插拔连接器选用的其他因素还包括连接器的适用性、可靠性及外形尺寸等。同时，水下插拔连接器通常在水下使用时间较长，不便观察、可维护性差，故其连接失效后对系统的影响等也是需要考虑周全的。

1. 适用性

适用性是指选用的水下插拔连接器的主要性能参数（最大工作电压、最大工作电流、最低工作温度、最高工作温度、最大工作水深、机械使用寿命、插拔次数、插拔力、插拔损耗等）应与系统使用要求相匹配并适度冗余。

2. 可靠性

水下插拔连接器的可靠性一般用其失效前的平均无故障工作时间（mean time between failures，MTBF）来衡量。MTBF 越大，它的可靠性也就越高。鉴于水下插拔连接器投入实际应用的时间较晚，故它的 MTBF 也较其他水密连接器小。但这并不能完全表明水下插拔连接器的可靠性比普通水密连接器低。随着使用时间和使用数量的增加，它的 MTBF 也会增大[1]。国外水下插拔连接器的 MTBF 已达到 10^6h 以上。

从实际应用的角度看，大多水下插拔连接器的选用都具有不可替代性。同时考虑到水下工作的长久性及不可维护性，布放、插拔的复杂性及高成本，出现故障造成的损失及不易维修等多种因素，应选用可靠性高的水下插拔连接器产品。

3. 外形尺寸

通常水下插拔连接器的外形尺寸较其他水密连接器大得多。另外，它进行水下插拔操作所需周围环境空间也较大，故连接器尺寸及预留工作空间也要重视。

目前水下插拔连接器的应用领域内鲜见国内成熟产品，大多被国外产品所垄断。

随着人类对海洋探测需求和对海洋资源开发利用范围及程度的不断加大，尤其是海底石油和天然气的开发以及海底永久观测站的建立，作为水下系统不可缺少的重要单元部件，水下插拔连接器必然会有越来越广泛的应用。

实际应用中，大部分水下插拔连接器失效的原因并不是连接器自身设计的缺陷或者连接器自身的质量问题，而常常是连接器的选用和使用不当。我们要综合考虑各种因素，选用合适的水下插拔连接器并合理使用。

水下插拔连接器在实际使用中，以下两点要尤为关注。

(1)完成水下插合的等待时间不宜过长。

常用水密连接器都是在水上插合好后再投入水下使用的。水下插拔连接器则需要先将水下应用系统布放到预定海底后，再在水下进行水下插拔连接器的插合操作，完成水下系统组网。一般地，上述间隔时间不应超过2周，而且在此期间水下插拔连接器的插头或插座应安装水密保护帽，以防水下污染影响随后的插合及插合后连接器工作的稳定性和可靠性。

(2)水下插拔连接器的插拔次数要有记录。

常用水密连接器的插拔次数均在500次以上，甚至更多，这样的机械使用寿命是足够长的。而水下插拔连接器的插拔次数通常为几十次至上百次不等，这样的插拔次数并不完全代表水下插拔连接器的机械使用寿命。也就是说，不能像常用水密连接器那样用水下插拔连接器的插拔次数来表征水下插拔连接器的机械使用寿命。多次插拔后的水下插拔连接器的内部补偿油减少。当减少到一定量后，应及时对其补油。

水下插拔连接器通常设计成充油压力补偿式结构。每完成一次插合及分离过程(水下或水上)，水下插拔连接器的接触件都会附带出一定量的补偿油。当由此带来的连接器补偿油量不足时，压力补偿的作用将不能充分实现，进而影响连接器工作的可靠性。因此，对充油压力补偿式水下插拔连接器而言，当经过一定次数的插拔操作后，应检查连接器内的补偿油量并及时补充。图3.92为进行水下插拔电连接器充补偿油操作。水下插拔连接器具体的充补偿油操作应由专业人员利用专用工具来完成。

图 3.92　水下插拔电连接器充补偿油

3.4　玻璃烧结水密电连接器

以玻璃烧结工艺加工制作的连接器在航空航天科技等领域均有较广泛应用。在有些特殊应用场合，塑封连接器无法满足性能使用要求，只能采用玻璃与金属封接。在水下机器人及其他水下应用领域，尤其在大工作水深环境下，玻璃烧结水密连接器也有一定的应用。图 3.93 为一种玻璃烧结水密电连接器。

玻璃是一种非结晶结构的固体绝缘材料，因此没有明显的熔点与凝固点。玻璃的主要成分为无水硅酸(二氧化硅)，当其纯度高时，玻璃熔点极高，不易加工。因此用玻璃加工制造产品时，多会加入碱金属、碱土金属或其他金属氧化物，以降低其熔点，减小其加工难度。但加入的金属离子同时会降低玻璃的绝缘电阻，影响玻璃的绝缘性能。

图 3.93　玻璃烧结水密电连接器

与其他种类的水密电连接器不同，玻璃烧结水密电连接器的绝缘体由玻璃烧结而成，接触件密封及绝缘体与金属壳体之间的密封无须其他密封元素参与，而是直接由玻璃烧结工艺实现的。玻璃烧结就是利用高温将玻璃熔化后，与金属粘连在一起，使其形成具有密封功能的工艺过程。首先要把金属外壳和引脚进行预氧化，使其表面形成一层铁基氧化膜，然后和配套的玻坯安装在石墨模具内，放入烧结炉中加热至高温(一般为 900℃)使玻璃软化、流动，熔融的液态玻璃与金属表面的氧化物浸润，在随后的冷却过程中牢固结合在一起，形成一个整体的气密封接件[5]。

玻璃烧结方式是较为成熟的接触件密封方式。由于玻璃与金属封接时通过玻璃液与金属氧化层互相浸润，形成混合化学键，这种化学键结合力远大于塑料或橡胶黏附金属的结合力。因此,用玻璃与金属封装的连接器既具有较好的密封性，又具有足够的强度。但该密封方式的不足之处在于具有一定的局限性，只适合某些金属与玻璃的封接,必须选用合适的玻璃才能与相应的金属材料实现玻璃烧结，即玻璃在固化过程中的膨胀系数与金属的膨胀系数应基本保持一致。原则上两者的膨胀系数之差不大于膨胀系数的 10%，这时可获得最小的封接应力，从而获得良好的密封效果。另外，玻璃烧结工艺较为复杂，加工成本较高。由于其他种类的水密连接器技术发展日臻完善，大工作水深应用已不是阻碍。目前，全海深水密连接器的应用已经实现，因此深海环境下应用的水密连接器已呈多样性发展趋势。

参 考 文 献

[1] 王存明, 米智楠. 水下插拔连接器的选用[J]. 流体传动与控制, 2009(5): 44-46.

[2] 张伙带, 张金鹏, 朱本铎. 国内外海底观测网络的建设进展[J]. 海洋地质前沿, 2015, 31(11): 64-70.

[3] 李凤华, 郭永刚, 吴立新, 等. 海底观测网技术进展与发展趋势[J]. 海洋技术学报, 2015, 34(3): 33-35.

[4] 李建如, 许惠平. 加拿大"海王星"海底观测网[J]. 地球科学进展, 2011, 26(6): 656-660.

[5] 李振, 陈银桂. 高低频混装玻璃烧结连接器设计与研制[J]. 机电元件, 2017(2): 3-8.

4

水密连接器用水密缆

4.1　水密缆概述

　　水密缆是用于水下船舶或装置的具有密封性能的电缆、光缆或光电混合缆。近年来，提高海洋资源开发能力，发展海洋经济，保护海洋生态环境，维护国家海洋权益，建设海洋强国，已成为国家发展的重要方向之一。为此，各类海洋装备的需求不断扩大，对其配套设备和材料的性能要求也越来越高。水密电缆就是各类海洋装备的重要配套设备之一，水密电缆的应用也越来越广泛。

　　普通电缆遇到海水时，不能阻止海水经电缆内部渗透到其他舱及进入所连接的仪器设备，也不能确保密封舱不经过电缆内部而进水。另外，海水一旦进入电缆内部，也会腐蚀电缆，从而造成整根电缆报废，甚至损坏与其相连接的精密仪器设备。

　　一般水密电缆可分为纵向阻水电缆和横向阻水电缆；根据阻水机理可分为材料阻水电缆和结构阻水电缆；而根据阻水材料可分为主动阻水电缆和被动阻水电缆。

　　1. 纵向阻水电缆

　　纵向阻水电缆即利用阻水胶或发泡阻水带，在护套破损的情况下，降低水在电缆内部流动的速度，提高设备使用的可靠性。纵向阻水电缆主要阻挡水分从电缆两端渗入。导体阻水和缆芯阻水是纵向阻水电缆的关键。同时，电缆内部各种间隙也是纵向阻水电缆的重要组成部分。电缆内部的间隙主要包括绞合导体单丝之间的间隙、绞合导体和绝缘体之间的间隙、绝缘线芯绞合之间的间隙以及成缆线芯与护套截面之间的间隙。

1) 导体阻水

导体采用紧压结构，同时在导体各层采用单面绝缘阻水带纵包、导体各层撒阻水粉、导体绞线时在间隙填充阻水纱；导体紧压时填充阻水绳、阻水纱或绕包阻水带；导体涂覆密封胶，导体各层采用阻水油膏和阻水粉的复合阻水结构。

通过采用不同的阻水材料、阻水工艺达到导体阻水的效果，其中导体间隙中填充阻水纱工艺简单，但是成本较高，目前使用最多的是导体外绕包阻水带或者涂覆密封胶。

2) 绝缘阻水

绝缘线芯的阻水主要是使用阻水绝缘材料，采用挤压式生产，减小导体和绝缘体的间隙。

3) 成缆间隙阻水

成缆时线芯间填充阻水绳、阻水纱，成缆线芯外绕包阻水带；采用阻水填充胶与内护套双层共挤的工艺；成缆绞合后不绕包，直接挤包内护层；成缆线芯采用阻水带包覆，阻水带内外两层涂覆阻水油膏，成缆间隙涂覆阻水油膏；或者填充阻水材料，绕包铝塑复合带。

4) 其他阻水

屏蔽层一般采用镀锡铜丝或者钢丝，外涂覆阻水填充胶、阻水油膏等进行阻水。

护套层采用挤压式模具生产方式阻水，或者采用阻水填充胶与外护套双层共挤工艺生产方式阻水。

纵向阻水电缆的阻水材料应具有强吸水性及高膨胀率。常用的阻水材料包括阻水油膏及阻水带材等。

常温触变型阻水油膏具有如下特性：

(1) 使用范围宽，在-40～200℃均可正常使用，且高温不滴落。

(2) 稳定性好，长期储存或者填充使用后，能够保持胶体的稳定性。

(3) 相容性好，与电缆绝缘体、护套材料有良好的相容性，对金属材料无腐蚀。

(4) 电绝缘性能优良。

该材料具有较好的使用性能和阻水性能，阻水油膏中含有吸水树脂，接触水后，阻水油膏释放出该树脂，并迅速膨胀，将电缆间隙填实，起到阻水密封的效果。但应用时需要使用气压式活塞泵填充。

喷涂型阻水油膏是一种遇水膨胀型复合物,触变性能明显、高低温性能优良、阻水性能超强、黏度小、吸水后具有一定的膨胀高度。采用该材料可以解决传统阻水油膏填充后表面渗水,以及阻水带、阻水纱填充的金属搭接处渗水的问题,同时避免了压力填充可能发生断缆的问题。

阻水带材主要包括阻水带、阻水粉和阻水纱。这类材料的主要基材是阻水粉,当电缆遇到潮气或者水分时,阻水带或者阻水纱中的吸水物质(阻水粉)会迅速吸水膨胀,形成凝胶,将水分阻隔在外面,起到吸水阻水的作用。

2. 横向阻水电缆

横向阻水电缆又称径向阻水电缆,应用于非穿舱水下环境。横向阻水电缆要求电缆外护套(径向)能耐水压,在规定试验压力和时间内,电缆绝缘电阻不减小,电缆不变形。横向阻水电缆主要阻挡水分从电缆表面渗入,一般在成缆线芯外绕包阻水带,或者成缆时填充阻水纱或阻水绳,采用聚乙烯(polyethylene,PE)护套或者金属护套、铝塑复合带纵包形成护套层。

4.2　水密缆结构

如上所述,水密缆包括水密电缆、水密光缆及水密光电混合缆等多种产品。每种水密缆结构均有其自身特点,但基本组成结构包括传输单元、加强件、阻水填充、包带、屏蔽或铠装层及护套(内护套和外护套)等。其中加强件和屏蔽或铠装层视具体产品需求而定。

加强件在特种细小、柔软型,同时要求多次弯曲、扭曲使用的产品中起着重要作用。加强件主要材料为钢丝、芳纶、防弹丝等。

阻水填充多出现在多芯电线电缆产品中,将这些绝缘线芯或线对成缆(或分组多次成缆)后,一是外形不圆整,二是绝缘线芯间留有很大空隙,因此必须在成缆时加入阻水填充,阻止水在电缆内部漫延,也使成缆外径相对圆整,以利于包带、挤护套等工艺。阻水填充主要材料为阻水纱及阻水油膏等。

包带保证了多芯成缆线芯的紧实,在生产、运输过程中不松散。包带主要材料为阻水带、无纺布、聚酯带等。

1. 水密电缆

图4.1为水密电缆剖面图。由图可见,水密电缆一般由电单元(导体、绝缘体)、填充条、阻水层(阻水带)、护套(内护套、外护套)、屏蔽层等组件组成。

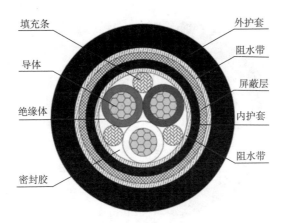

图 4.1 水密电缆剖面图

水密电缆根据其功能又可分为水密电力电缆、水密同轴电缆、水密信号电缆、水密控制电缆等多种。其中水密同轴电缆、水密信号电缆、水密控制电缆一般都设有屏蔽层。

1) 导体

导体是电线电缆进行电流或电磁波信息传输的最基本的、必不可少的主要构件，也是水密电缆的主体构件。常见的电线电缆导体材料有铜、铝、铜包钢及铜包铝等。

2) 绝缘体

绝缘体是包覆在导体外围四周起着电绝缘作用的构件，是电线电缆产品中必须具备的基本构件。电线电缆绝缘确保传输的电流只沿着导体行进而不流向外面，既要保证导体的正常传输功能，又要确保外界物体和人身的安全。绝缘体的主要材料包括聚氯乙烯（polyvinylchloride，PVC）、聚乙烯、交联聚乙烯（crosslinked polyethylene，XLPE）、聚丙烯（polypropylene，PP）、氟塑料、橡胶等。

3) 护套

护套是在电线电缆中对产品整体（特别是绝缘体）起保护作用的构件，是电线电缆能在各种外部环境条件下长期正常工作的保证性构件。绝缘体主要具有优良的绝缘性，多数无法兼顾应付外界复杂多变环境的性能，因此这种应对外界复杂环境的性能必须由护套来承担。护套主要材料有聚氨酯、氯丁橡胶、氯磺化聚乙烯、聚乙烯等。

2. 水密光缆

图 4.2 为水密光缆剖面图。由图可见，水密光缆一般由光单元（光纤、套管填充物、松套管）、加强件（中心加强芯）、缆芯填充物、阻水材料、铠装层（涂塑钢带）、聚乙烯内护套、聚乙烯外护套等组件组成。光缆以传输光波的光纤作为载体（介质）。

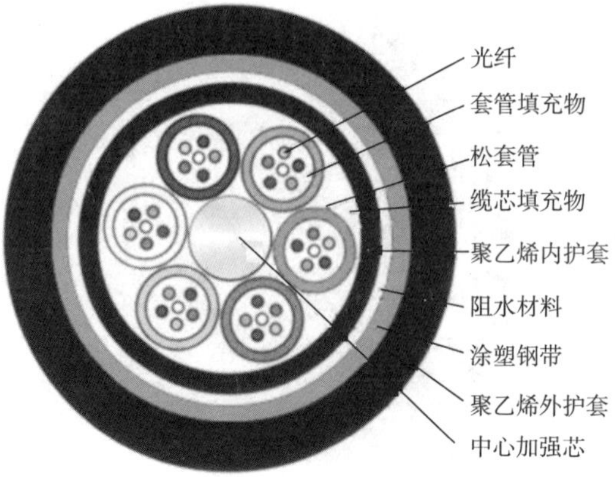
光纤
套管填充物
松套管
缆芯填充物
聚乙烯内护套
阻水材料
涂塑钢带
聚乙烯外护套
中心加强芯

图 4.2　水密光缆剖面图

3. 水密光电复合缆

图 4.3 为水密光电复合缆剖面图。由图可见，水密光电复合缆一般由光单元、电单元(屏蔽双绞线)、加强件(抗拉层)、填充条、包带、密封胶、聚氨酯护套等组件组成。

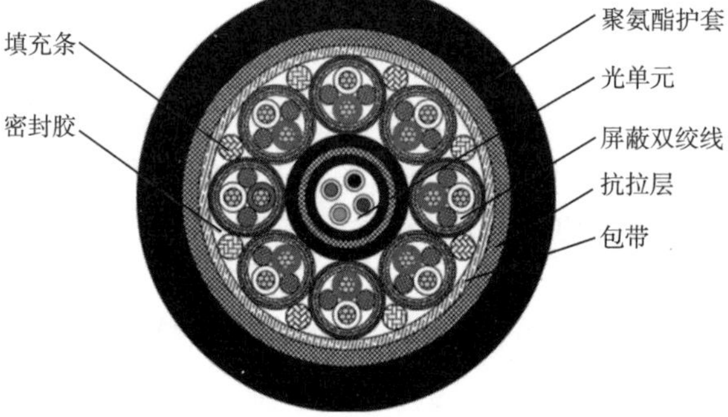
填充条
密封胶
聚氨酯护套
光单元
屏蔽双绞线
抗拉层
包带

图 4.3　水密光电复合缆剖面图

4.3　水密缆生产

为确保生产出的水密缆产品通过检测试验，在水密缆制造过程中，密封胶(阻水填充)在每一个工艺环节都需填充至电缆各个组成构件之间的间隙中。以水密电缆为例，其生产工艺流程如图 4.4 所示。水密电缆实际生产工艺过程如图 4.5 所示。

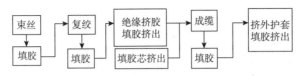

图 4.4 水密电缆生产工艺流程图

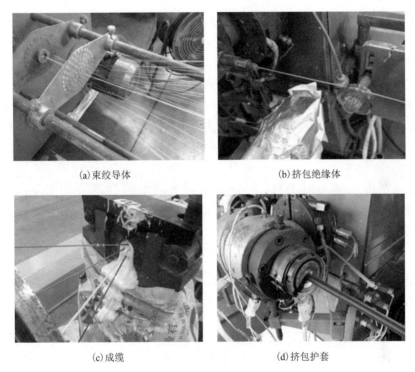

图 4.5 水密电缆实际生产工艺过程

由图 4.4 和图 4.5 可知，在复绞阶段，每一束单丝之间需要填胶；在绝缘挤胶阶段，绞合导体与绝缘体之间需进行填胶挤出；在成缆阶段，绞合绝缘线芯之间需进行填胶；在挤外护套阶段，缆芯和护套之间需进行填胶挤出。

水密电缆生产过程中采用的密封胶应满足以下性能要求：黏接强度要符合成品电缆的耐压要求，且耐老化、耐油、耐化学腐蚀，固化后柔软、有弹性，使得弯曲过程中导体及绝缘体不易产生断裂。

对具有水密要求的电力类电缆而言，要求该类电缆导体间必须保证有效的导通，防止胶水将导体绝缘而产生电场分布不一致现象及防止击穿；对具有较高信号传输要求的水密电缆而言，特别是纵向水密同轴电缆和纵向水密信号电缆（双绞结构），所选用胶体的介电常数必须处于合理的范围，防止胶体的介电常数过大，影响电缆的信号传输；而对水密光缆而言，必须保证水密条件下光的正常传输，还要防止胶体对光纤的破坏[1]。

4.4 水密缆检测

水密缆水密性试验的相关标准有国家军用标准 GJB 1916—1994《舰船用低烟电缆和软线通用规范》和 GJB 774—1989《舰船用电缆和软线通用规范》、美国军用标准 MIL-DTL-24643C-2009《低烟无卤船用电力电缆总规范》及国际标准 IEC 60092-350-2014《船及近海用动力、控制和仪器仪表电缆的一般结构和试验方法》。

国际标准 IEC 60092-350-2014 中的水密性试验条件为：水压约在 1min 内升至 0.1MPa，保持 3h。试验期间，从电缆端头滴漏水的体积 V 不大于 $10N(A+2)$，其中 N 为电缆芯数，A 为每根导体的截面积(mm^2)；且任何情况下滴漏水的体积应满足 $V \leqslant 2000cm^3$。

美国军用标准 MIL-DTL-24643C-2009 中的水密性试验条件为：水压为 (0.17 ± 0.004) MPa，保持 $6 \sim 6.25h$。判定依据为：试样自由段滴漏水的体积小于标准的规定值[2]，见表 4.1。

表 4.1　试样自由段滴漏水的体积

试样中所有导体截面积之和 S/mm²	滴漏水的体积上限/cm³
$S < 4.5$	65.5
$4.5 \leqslant S < 7.6$	81.9
$7.6 \leqslant S < 12.7$	98.3
$12.7 \leqslant S < 25.3$	131.1
$25.3 \leqslant S < 50.7$	147.5
$50.7 \leqslant S < 101.3$	163.9
$101.3 \leqslant S < 253.4$	180.3
$253.4 \leqslant S < 405.4$	196.6
$405.4 \leqslant S$	213

国家军用标准 GJB 1916—1994、GJB 774—1989 的水密性试验条件与判据和美国军用标准 MIL-DTL-24643C-2009 的相同。

4.5　水密连接器配接水密缆

水密连接器用水密缆是水密连接器重要组成部件之一。水密连接器对所用水密缆的基本要求如下。

(1)水密缆护套具有良好的阻水性能，不得存在微小气孔等工艺缺陷。

(2)水密缆截面结构充实，水压环境下(尤其在大水压环境下)不发生永久压缩变形。

(3)水密缆具有良好的与插头体连接的工艺性。

水密连接器常用的水密缆有氯丁橡胶护套缆及聚氨酯护套缆等。

水密连接器的水密插头是由一根水密缆将两个插头体连接在一起来使用的，连接方式大多采用橡胶硫化工艺。由于连接两个水密插头插头体的水密缆通常都比较短，与插头之间采用水密连接，故水密连接器用水密缆一般不需要纵向阻水缆，而以横向阻水缆居多。与舰船用水密缆及水下机器人(如 ROV)用系统不同，水下机器人及其他海洋技术装备上应用的水密连接器用水密缆由于长度不大且通常会有较好的保护条件，一般不易发生缆护套划破现象，即使发生，与水密插头连接的水密插座也具有足够的强度及可靠的密封，阻止海水经划破的水密缆进入密封舱。当有特殊需求时，也可使用纵向阻水缆。

目前，水密连接器的工作水深已经突破全海深范围，即达到 11000m 以上。全海深水密连接器对所用水密缆提出了更高要求。

(1)全海深水密缆应具有更加稳定的剖面结构。

由于巨大的环境水压力作用，水密缆压缩变形量将明显增大。此时应通过水密缆的结构设计及生产工艺的改进，优化并完善工艺参数，以提高缆芯的紧密度及截面填充率，保证超高水压环境下水密缆结构的稳定性，将其永久压缩变形量控制在尽可能小的范围内。

(2)全海深水密缆应具有更强的阻水性能。

全海深水密缆橡胶护套不应有气孔等缺陷。现行水密缆生产过程中，橡胶护套在挤出时容易产生气孔等缺陷，使得水密缆的成品率降低。一方面在工艺环节采取适当加大挤出压力等措施，防止产生护套气孔；另一方面应加强水密缆产品的检测，杜绝将缺陷产品应用到水密连接器的生产中。

总之，水密缆是水密连接器的重要组成部分，其质量与性能直接影响水密连接器的质量和性能。而从水密连接器实际应用情况来看，水密缆出现故障的比例较大。因此，加强水密缆生产过程中的质量检查与性能检测，以及加强水密连接器出厂前的产品质量检查与性能检测，十分必要且必须。

参 考 文 献

[1] 钟成行，王爱庆，靳志杰. 水密电缆的结构分类及特性分析[J]. 现代传输，2016(4)：23-25.

[2] 刘勇. 纵向水密电缆水密性检测方法[J]. 电线电缆，2016(2)：19-21.

5

典型水密电连接器加工工艺

本章仍然以水密电连接器为例，讨论典型的水密电连接器生产过程中所应用到的典型工艺。通过对生产工艺的了解，加深对水密电连接器构成及应用的理解及掌握，达到更好地发挥水密电连接器作用的目的。

水密电连接器的生产过程中经常应用到的加工工艺包括零部件的机械加工工艺、表面处理工艺、表面涂胶工艺、橡胶硫化工艺、注塑成型工艺、环氧树脂灌封工艺及焊接工艺等。

5.1 表面处理工艺

无论哪种系列的水密电连接器都是由一定数量、不同种类的零部件，通过特定的加工工艺生产出来的。第 3 章中介绍的金属壳系列干插拔水密电连接器及橡胶体系列湿插拔水密电连接器，在其生产过程中，均涉及硫化橡胶及环氧树脂材料与金属壳体及接触件之间的黏接问题，而且有较高的黏接强度要求。为满足黏接强度指标要求，参与黏接的零部件必须经过表面处理。

5.1.1 零部件出库

金属壳系列干插拔水密电连接器的水密插座的组成零部件包括插针、插座壳体、支撑块、平垫圈、连接螺母及 O 形橡胶密封圈等，如图 3.2 所示；其水密插头的组成零部件包括锁紧螺母、插孔、插头壳体及弹性挡圈等，如图 3.4 所示。橡胶体系列湿插拔水密电连接器的水密插座的组成零部件包括插座连帽、插座壳体、插孔、弹性挡圈及 O 形橡胶密封圈等，如图 3.35 所示；其水密插头的组成零部件包括插头连帽、插针、定位销、弹性挡圈等，如图 3.36 所示。另外，还包括水密插头用水密电缆及水密插座用导线等。上述零部件均应按生产连接器所需数量，经检验合格后，出库备用。

其中，水密电连接器所用电缆为专用的水密电缆。常用的水密电缆的外护套材料为聚氨酯或氯丁橡胶。

聚氨酯护套电缆是指使用聚氨酯材料作为绝缘护套的电缆，电缆中使用的聚氨酯材料一般称为热塑性聚氨酯(thermo plastic polyurethane，TPU)，有聚酯型和聚醚型之分。聚氨酯具有邵氏硬度范围宽(60HA~90HD[①])、耐磨、耐油、透明、弹性好、强韧和耐老化的特性，而且是一种环保型材料。

聚氨酯护套电缆具有如下特性。

(1)耐磨性能。电缆在使用过程中承受摩擦、刮磨等力的作用是很常见的，因此电缆护套材料具有良好的耐磨性能非常重要。聚氨酯的耐磨性能优异，比天然橡胶的耐磨性能高出5倍以上，是耐磨制品首选材料。

(2)抗拉伸性能。聚氨酯护套电缆拉伸强度高达38MPa，普通橡套电缆(市场上常见的电缆之一)拉伸强度仅为8~12MPa。当水密插头电缆在应用中受到拉紧张力时，聚氨酯护套比橡套具有更好的线芯保护作用，使电缆更持久、耐用。

(3)抗撕裂性能。电缆在应用时，由于裂口扩大而破坏的情况很常见。撕裂强度就是材料抵抗撕裂作用的能力。聚氨酯具有较高的抗撕裂性能，撕裂强度与一些常用的电缆护套材料相比更胜一筹。

(4)耐屈折性能。很多电缆护套在重复的周期性应力作用下容易产生断裂，而聚氨酯护套在不同环境下都可以保持较佳的耐屈折性能，是反复弯曲环境下电缆护套材料的最佳选择。

(5)耐水解性能。聚氨酯护套电缆在浑浊水下环境中的耐水解性能良好，1~2年内不会发生明显水解，尤其以聚醚型聚氨酯护套电缆更佳。常用的水密电缆护套采用的就是聚醚型聚氨酯。

(6)耐高温与抗氧化性能。聚氨酯抗氧化性能良好，耐120℃高温。

(7)耐油性能。聚氨酯是一种强极性的高分子材料，与非极性矿物油的亲和性很小，在燃料油(如煤油、汽油)和机械油(如液压油、机油、润滑油等)中几乎不受侵蚀。其中又以聚酯型聚氨酯护套电缆的耐油性能更佳。

(8)耐低温性能。聚氨酯护套电缆有非常好的耐低温性能，通常能达到-50℃，适合低温环境下使用，可避免电缆因低温产生脆化而无法应用。

氯丁橡胶具有良好的物理力学性能，耐油、耐热、耐燃、耐日光、耐臭氧、耐酸碱等化学试剂，且具有较高的拉伸强度、伸长率和可逆的结晶性，同时具有较好的黏接性。氯丁橡胶耐热性能与丁腈橡胶相当，分解温度为230~260℃，短期可耐120~150℃，在80~100℃可长期使用；耐油性能仅次于丁腈橡胶。因此，氯丁橡胶护套电缆也是常用的水密电缆之一。氯丁橡胶具有良好的硫化

① HA/HD用来表示测试橡胶硬度：A型为软橡胶；D型为硬橡胶

工艺性，其与水密插头的连接可以采用橡胶硫化模压成型工艺实现，简单又可靠，具有较明显优势。

5.1.2 零部件表面处理

水密电连接器各组成零部件在正式投入生产前，都有加工、运输及存放的过程。在这一过程中，零部件表面往往会带有氧化层、尘土、残余油渍及其他污物。这样是不能够直接使用的，必须在后续工艺开展前进行表面处理，以获取满足工艺技术要求的表层，进而满足后续工艺实施的要求，保证整个水密电连接器的产品质量。

零部件表面处理工艺实际上就是在零部件基体材料表面，人工形成一层与基体的力学、物理和化学性能不同的表层的工艺方法。具体讲，零部件表面处理工艺就是将零部件基体表面进行清洁，去毛刺、去油污、去氧化皮等附着物，以提高基体表面与后续涂层的附着力，或赋予表面一定的耐蚀性能的过程。对于金属材料零部件，比较常用的表面处理方法有机械打磨、化学处理、表面热处理及表面喷涂等。

在水密电连接器生产过程中，零部件的表面处理是第一道处理工艺。需进行表面处理的零部件主要有接触件、水密插头壳体、水密插座壳体及支撑块等。零部件表面处理工艺主要由两个工艺步骤组成，即去除镀层的零部件表面打磨处理及零部件表面活化处理。

1. 去除镀层的零部件表面打磨处理

下面是水密电连接器去除镀层的零部件表面打磨处理过程。

1) 插针表面处理

水密电连接器的插针通常由铅黄铜等材料加工并表面镀金而成。参与橡胶硫化工艺的插针，其与橡胶接触部分的表面应准确测量并标记，然后用特制刀具将该部分表面的镀金层去除。

这里值得注意的一点是，不要由于担心橡胶与插针表面黏接强度低而将插针黏接部位的尺寸处理偏大，否则在该表面上涂抹面胶并硫化后，插针根部有时会存在多余的残胶，很难清理，严重时会造成水密电连接器插合后接触件接触不良，出现时通时断的现象。

2) 插孔表面处理

水密电连接器的插孔通常由铍青铜等材料加工并表面镀金而成。参与橡胶硫化工艺的插孔，其与橡胶接触部分的表面应准确测量并标记，并用刚玉砂布将该部分表面的镀金层去除。图 5.1 为打磨后的接触件(插针及插孔)。

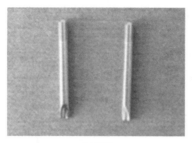 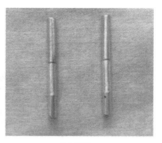

(a)插针   (b)插孔

图 5.1   打磨后的插针及插孔

3)水密插座壳体表面处理

水密插座壳体通常由 316L 不锈钢等材料加工而成。参与橡胶硫化工艺的插座壳体，其与橡胶接触部分的内壁表面应准确测量并标记，并用夹有金刚砂磨头的手电钻沿轴向往复运动，以打磨插座壳体内壁表面。图 5.2 为打磨前后的水密插座壳体。

(a)打磨前   (b)打磨后

图 5.2   打磨前后的水密插座壳体

4)水密插头壳体表面处理

水密插头壳体通常由 316L 不锈钢等材料加工而成。参与橡胶硫化工艺的插头壳体，其与橡胶接触部分的内外壁表面应准确测量并标记，并用夹有金刚砂磨头的手电钻沿轴向往复运动，以打磨插头壳体内外壁表面。图 5.3 为打磨前后的水密插头壳体。

(a)打磨前   (b)打磨后

图 5.3   打磨前后的水密插头壳体

5) 支撑块表面处理

水密电连接器支撑块通常由环氧树脂等材料加工而成。将参与橡胶硫化工艺的支撑块的两面分别在研磨平台上用刚玉砂布上下反复研磨，以使其表面具有一定的粗糙度。图 5.4 为打磨前后的支撑块。

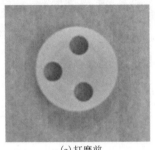 

(a)打磨前　　　　　　　　　　　　(b)打磨后

图 5.4　打磨前后的支撑块

水密电连接器零部件经上述机械式表面处理后，被处理表面往往会粘有油脂或金属屑，它们将降低金属零部件与硫化橡胶间的黏接强度，因此必须进行脱脂、去屑的清洁处理，即表面活化处理。

2. 零部件表面活化处理

一般对结构不太复杂的金属零部件，常用的表面活化处理利用超声波清洗机配合脱脂液进行。该方法可有效去除油脂及金属屑等。

脱脂液可由脱脂剂加水配制而成，其中脱脂剂分子必须同时含有亲水性和憎水性较强的基团，以利于脱脂剂侵入金属-油脂结合层，将油脂从金属表面分离出来。当脱脂液的 pH 为 13 以上，且温度为 70～80℃时，其脱脂效果较好。

超声波清洗方式更适合表面比较复杂(如凹凸不平、有盲孔)的零部件，以及特别小但对清洁度要求高的零部件，如水密电连接器零部件。

超声波清洗的原理是由超声波发生器发出的高频振荡信号，通过换能器转换成高频机械振荡而传播到脱脂液中，超声波在脱脂液中疏密相同地向前辐射，使液体流动而产生数以万计的微小气泡。这些气泡在超声波纵向传播的负压区形成、生长，而在正压区迅速闭合。在这种空化效应的过程中，气泡闭合可形成超过 1000atm(1atm=101325Pa)的瞬间高压。连续不断地产生瞬间高压，就像一连串小"爆炸"不断地冲击零部件表面，使零部件的表面及缝隙中的污垢等迅速剥落，从而达到清洁表面的目的。

图 5.5 是进行水密电连接器零部件表面活化处理的超声波清洗机过程。

将上述表面活化处理后的水密电连接器零部件放入超声波清洗机中，用丙酮清洗两遍，取出并晾置干燥后，存放在无污染的操作台上。表面活化处理后的零部件应尽快完成后续工艺的操作，以防表面在空气中滞留时间过长而产生二次氧化污染。

图 5.5   超声波清洗机

5.2   表面涂胶工艺

由于水密电连接器对其零部件与硫化橡胶间的黏接性能要求较高，其黏接体系通常采用底胶-面胶-面胶的三涂层体系。

上述进行表面处理后的零部件，在转入橡胶硫化工艺之前，均需进行表面涂胶处理。具体要求是：采用刷涂法，选择尺寸合适的软毛刷，蘸取适量的开姆洛克胶，在表面活化处理后的部位沿轴向进行涂刷，涂抹要均匀、薄厚一致。涂胶表面晾置一定时间后，用棉签触及涂胶面，检验干透后方可进入下一道工序。刷胶时要注意顺着一个方向刷涂，不要往复，速度要适当，以免带入气泡。图 5.6 为未涂开姆洛克胶的插孔及插头壳体；图 5.7 为涂过开姆洛克胶的插孔及插头壳体。

图 5.6   未涂开姆洛克胶的插孔及插头壳体

图 5.7   涂过开姆洛克胶的插孔及插头壳体

水密电连接器另一种表面涂胶方式是采用胶头滴管沿壳体圆周滴入胶，壳体内腔空间通常较小，若操作不当就会将胶液滴在接触件上。橡胶硫化工艺过后，在橡胶体硫化模具模芯上及接触件外表面上均可能黏附硫化橡胶。这部分残胶（尤其是接触件表面上的残胶）难以清理，有可能导致水密电连接器插合后出现接触件接触不良的现象，为水密电连接器的应用留下隐患，因此该种涂胶方式基本不采用。

5.3 橡胶硫化工艺

无论是湿插拔水密电连接器，还是干插拔水密电连接器，都大量使用橡胶材料及橡胶硫化工艺。实际上，橡胶硫化工艺在水密电连接器的生产中是应用最普遍、最基础，也是最关键的工艺。橡胶硫化是指橡胶的线型大分子通过化学交联而构成三维网状结构的化学变化过程。橡胶在硫化之前，分子之间没有产生交联，因此缺乏良好的物理力学性能，实用价值不大。当橡胶加入硫化剂以后，经热处理或其他方式，橡胶分子之间产生交联，从而使其性能大大改善，尤其是弹性、耐热性、拉伸强度和在有机溶剂中的不溶解性等。

1. 橡胶硫化工艺简介

橡胶硫化过程中发生了硫的交联，这个过程是指把一个或更多的硫原子接在聚合物链上，形成桥状结构。反应的结果是生成弹性体，橡胶的性能在很多方面都有了改变，即塑性橡胶转化为弹性橡胶或硬质橡胶的过程。"硫化"的含义不仅包含实际交联的过程，还包括产生交联的方法。

橡胶硫化过程可分为四个阶段，即硫化诱导阶段、预硫阶段、正硫化阶段及过硫阶段。

（1）硫化诱导阶段。硫化诱导阶段（焦烧时间）内，交联尚未开始，胶料有很好的流动性。这一阶段决定了胶料的焦烧性及加工安全性。在这一阶段的终点，胶料开始交联并丧失流动性。硫化诱导阶段的时间长短除与生胶本身性质有关外，主要取决于所用助剂，例如，用迟延性促进剂可以得到较长的焦烧时间，且有较高的加工安全性。

（2）预硫阶段。硫化诱导阶段以后便是以一定速度进行交联的预硫阶段。预硫阶段的交联程度低，即使到后期硫化橡胶的拉伸强度及弹性也不能达到预想水平，但撕裂和动态裂口的性能却比相应的正硫化阶段要好。

（3）正硫化阶段。到达正硫化阶段后，硫化橡胶的各项物理性能分别达到或接近最佳点，或达到性能的综合平衡。

(4)过硫阶段。正硫化阶段(硫化平坦区)之后即过硫阶段。此时有两种情况：天然橡胶出现返原现象(定伸强度下降)；大部分合成橡胶(除丁基橡胶外)定伸强度继续上升。

对所有种类的橡胶来说，硫化时不仅产生交联，还由于热及其他因素的作用而产生交联链和分子链的断裂。这一现象贯穿整个硫化过程。在过硫阶段，如果交联仍占优势，橡胶就发硬，定伸强度继续上升；反之，橡胶发软，即出现返原现象。

橡胶硫化工艺的三个基本要素是硫化温度、硫化压力和硫化时间。

1)硫化温度

硫化温度是橡胶发生硫化反应的基本条件之一，它直接影响硫化反应的速率和硫化橡胶的物理力学性能，从而影响硫化橡胶制品的质量。和一般的化学反应一样，橡胶的硫化反应依赖于温度，随着温度的升高，硫化反应速率加快，生产效率提高，并易于生成较多的低硫交联键；反之，硫化温度低，硫化反应速率慢，生产效率低，并易于生成较多的多硫交联键。显然，要获得高的生产效率，应尽可能采用较高的硫化温度。但实际上并不能无限制地提高硫化温度，而且硫化温度越高，胶料的物理力学性能越低。过高的温度还会引起橡胶分子链的裂解和发生返原现象，使性能下降且工艺控制难度加大。因此硫化温度的选择应根据硫化橡胶制品的类型、胶种及硫化体系等方面进行综合考虑。一般橡胶的硫化温度为120～190℃[1]。

2)硫化压力

硫化压力是指硫化过程中橡胶制品单位面积上所受压力。硫化压力可分为常压与高压。常压硫化适于胶布等薄壁制品，而模压制品通常需要较高的硫化压力。

硫化加压的作用主要有以下几点。

(1)防止制品在硫化过程中产生气泡，提高胶料的致密性。

(2)使胶料易于流动和充满模腔。

(3)提高胶料与骨架材料的黏接强度。

(4)有助于硫化橡胶物理力学性能的提高。

硫化加压的方式有平板加压和热空气加压等。平板加压即利用液压泵通过平板硫化机把压力传递给模具，再由模具传递给胶料。

但是，过高的硫化压力对橡胶的性能也会产生不利影响，这是因为高压如同高温，会加速橡胶分子的热裂解，反而使胶料的性能下降[1]。此外，高压下水密电连接器内部结构也有可能受到破坏，严重时将影响产品的正常使用，导致产品报废而使生产成本提高。

3）硫化时间

和其他许多化学反应一样，硫化反应的进行还依赖于时间。在一定的硫化温度和压力的作用下，只有经过一定的硫化时间才能达到符合设计要求的硫化程度[1]。

2. 橡胶硫化前准备

1）水密插头硫化前准备

水密插头硫化前，首先按焊线规范将插头用接触件（插针或插孔）与插头水密电缆芯线牢固地焊接在一起。其次对浇注环氧树脂后的插头壳体外表面用平板锉沿轴向进行反复打磨，并用专用工具对电缆硫化部位沿轴向进行打磨。电缆打磨长度为从电缆硫化终端进入模具型腔内向后适当延长，防止硫化后电缆根部黏接强度不足。最后电缆硫化部位表面涂刷两层面胶，插头壳体表面涂刷一层开姆洛克底胶、两层开姆洛克面胶，晾干后等待硫化。前一层底胶晾干后方可进行下一层面胶的涂刷。另外橡胶硫化前，应先将混炼胶在炼胶机上进行返炼，返炼至柔软并有塑性后出胶片，然后将胶片放置到晾胶架上待硫化。

水密插座硫化前准备与水密插头硫化前准备类似，只是不涉及电缆。

2）橡胶体硫化模具硫化前准备

无论是水密插头还是水密插座，其橡胶体硫化模具在投入使用前均应按如下步骤进行预处理。

（1）用丙酮棉将模具型腔及对应模芯清理干净。

（2）将脱模剂喷在模具型腔及模芯表面，之后用脱脂棉擦拭干净。

（3）将模具及模芯放到平板硫化机的平板上预热。

3. 橡胶硫化工艺过程

1）水密插座硫化工艺过程

水密插座进行橡胶硫化时，首先要将装有接触件、支撑块的插座壳体与模芯按固定的方位进行装配，置于预热后的模具中，然后上下模合模并用内六角螺钉紧固，如图 5.8 所示。其次在模具的上模注胶口处安放加料罐，并用天平称量出水密插座合适的注胶量，将胶料放置到加料罐中并放上柱塞。再次将装配好的模具放到平板硫化机的平板上，启动油泵开始加压，并按设定硫化工艺参数进行注胶。注胶完毕后，关闭油泵并按规定时间进行保压。最后将保压结束后的水密插座从模具中取出，检查橡胶表面是否有凹陷、裂口等缺陷，如果有缺陷应及时补胶。至此，水密插座的硫化工艺过程完毕。

补胶的方法如下：用斜口钳将表面有缺陷的部位去掉，然后用丙酮棉将缺陷清理干净，用工装将混炼胶预热并贴敷于缺陷部位，并将水密插座装上模芯放置到模具中，合模后放置到平板硫化机上进行补胶硫化。图 5.9 为水密插座在平板硫化机上加压硫化情形。

图 5.8　水密插座硫化　　　　　　　　图 5.9　水密插座加压硫化

2) 水密插头硫化工艺过程

水密插头的橡胶硫化通常分为两部分：一部分是插头的内橡胶体硫化，形成插头体部件；另一部分是插头的外橡胶体硫化，将水密电缆与插头体硫化为一体。两部分硫化之间，还有一个插头体内部的环氧树脂灌封工序。

水密插头进行橡胶硫化时，首先要将插头接触件、插头壳体和模芯按固定的方位进行装配，并置于预热后的插头体模具中，完成内橡胶体硫化工序，如图 5.10 所示。随后，按环氧树脂灌封工艺的要求，在插头体尾部浇注环氧树脂灌封体。之后进行的是水密插头的外橡胶体硫化。图 5.11 为单头及双头水密插头的外橡胶体硫化。

图 5.10　水密插头内橡胶体硫化　　　　　　图 5.11　水密插头外橡胶体硫化

通常，水密插头的外橡胶体硫化工艺有两种加注胶料方式：一种是缠胶方式；另一种是注胶方式。缠胶方式即将炼好的胶片剪成宽度适中的橡胶条，按一定的使用量用力缠绕在水密插头的插头体外表面及电缆涂胶部位上，并将其放置在已经预热的插头外橡胶体硫化模具的型腔中。然后，将上下模合模并用紧固螺栓将模具紧固，在平板硫化机上保温到工艺规定时间，进而完成外橡胶体硫化工艺过程。注胶方式即在外橡胶体硫化模具的上模注胶口处安放加料罐，并将适量胶料放置到加料罐中后，放上加压柱塞。然后，将模具放到平板硫化机的平板上，经加压、保温后完成外橡胶体硫化工艺过程。

缠胶方式和注胶方式在水密电连接器生产的橡胶硫化工艺过程中均有应用。当完成硫化过程并将水密插头从模具中取出时，都要检查橡胶表面是否有凹陷、裂口等缺陷，如果有缺陷应及时补胶。补胶方法同水密插座。图 5.12 为水密插头在平板硫化机上加压硫化情形。

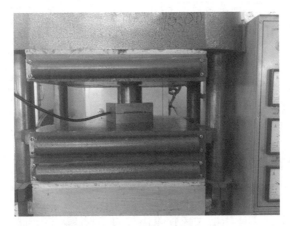

图 5.12　水密插头加压硫化

4. 橡胶硫化的后处理工艺

完成硫化工艺的水密插头及水密插座，从模具中取出后，应在空气中冷却至室温，然后将多余的胶料及飞边用剪刀或修边钳去除。对参与密封的金属壳体端面还应进行研磨处理，将端面上的划痕去除，直至满足密封要求。

5. 橡胶硫化常见缺陷及改进措施

橡胶硫化工艺在水密电连接器生产制作过程中得到了普遍应用。硫化橡胶制品常见的缺陷可归纳为橡胶-金属黏接不良、气泡、缺胶、喷霜等多种。下面就常见缺陷及改进措施进行简要的分析及讨论。

1) 橡胶-金属黏接不良

硫化橡胶与金属壳体及金属接触件之间的黏接，是水密电连接器橡胶硫化工艺的一个重要环节。橡胶与金属的黏接原理如下：在低模量的橡胶与高模量的金属之间，胶黏剂成为模量梯度，以减少黏接件受力时的应力集中。常用双涂型胶浆的底涂或单涂型胶黏剂与金属表面之间主要通过吸附作用实现黏接。底涂型和面涂型胶黏剂之间，以及胶黏剂与橡胶之间则通过相互扩散作用和共交联作用而实现黏接[2]。造成橡胶-金属黏接不良的原因分析及改进措施如下。

(1)胶浆选用不对。

改进措施如下：根据橡胶及金属材料选择合适的胶黏剂。

(2)金属件表面处理不当，以致底涂的物理吸附不能很好地实现。

改进措施如下：①粗化金属表面，保证金属黏接表面具有均匀、一定的粗糙度；②彻底去除金属表面的锈蚀、油污、灰尘及其他杂质。

(3)胶液涂刷工艺稳定性差，胶液太稀、漏涂、少涂、残留溶剂等。

改进措施如下：①规范操作，防止胶液漏涂、少涂；②涂好胶液的金属件应注意充分干燥，让溶剂充分挥发，防止残留溶剂随硫化挥发，导致黏接不良；③保证金属件表面一定的涂胶厚度，特别是面胶。这样一方面可以有充足物质使相互扩散和共交联作用充分进行，另一方面可以实现一定的模量梯度层。

(4)配方不合理，胶料硫化速度与胶液硫化速度不一致，胶料存放时间太长。

改进措施如下：①改进配方以保证有充足的焦烧时间；②改进模具，保证胶料以最快的速度到达黏接部位；③改进硫化条件(温度、时间和压力)；④减少易喷霜物和增塑剂的使用，防止其迁移到橡胶表面，从而影响黏接强度；⑤改用新鲜的胶料。

(5)压力不足。

改进措施如下：①适当增大橡胶硫化时的注胶压力；②保证模具配合紧密，防止模具分型面过大导致局部压力损失过大。

(6)胶液有效成分挥发或固化。

改进措施如下：①硫化前需预烘的金属件应控制预烘的时间和温度，过度预烘会导致反应性物质挥发和胶液的焦烧(或固化)；②防止金属件在模具内停留时间过长。

(7)已硫化的胶皮、胶屑等异物混入混炼胶，随橡胶一起硫化，由小面积脱胶引起制品大面积剥离。

改进措施如下：加强物料管理，禁止新旧橡胶混用。

2)气泡

(1)橡胶硫化不充分。

改进措施如下：①延长硫化时间，提高硫化温度；②保证硫化时有足够的压力；③调整配方，提高硫化速度。

(2)橡胶-金属黏接不良会引起黏接部位气体残留，加压时气体收缩。一旦撤去压力，气体扩散，橡胶层较薄且面积较大的橡胶和金属之间就会出现气泡。

改进措施同(1)。

(3)有气体裹入胶料，气体不易排除，随胶料一起硫化，从而在橡胶表面出现气泡。

改进措施如下：①对模具进行抽真空；②提高混炼胶温度；③改进混炼工艺，

尽量避免气体混入胶料；④改进压力注胶条件，使胶料能较慢地进入模具型腔。

(4)胶料配方中有易挥发物质。

改进措施如下：①采用适当的硫化条件，温度不宜太高；②各种原料应做好使用前的防潮工作，必要时可以进行干燥处理；③减少使用低沸点的增塑剂、填充油、软化剂等。

3) 缺胶

(1)用胶量太少。

改进措施如下：①增加用胶量；②调节注胶孔，保证注胶充足。

(2)溢料口太大，以致胶料不能充满型腔，从溢料口溢出或溢料口位置不对。

改进措施如下：①改小溢料口的尺寸或减少溢料口的数量；②合理选择溢料口的位置。

(3)脱模剂用量太多，以致胶料在型腔内汇合处不能合拢。

改进措施如下：①减少脱模剂的用量；②胶料使用前不能沾油污。

(4)胶料硫化速度太快，以致未充满型腔便已硫化，不能流动。

改进措施如下：①调整胶料配方，延长焦烧时间；②加大入料口的尺寸或增加入料口的数量[2]。

4) 喷霜

水密电连接器橡胶体喷霜表现为放置一段时间后，橡胶体表面形成一层类似霜雾的白色物质。产生喷霜的原因是硫化剂、促进剂及活性剂等原料用量过多，在橡胶中的溶解已饱和，便慢慢迁移到橡胶表面。

改进措施如下：通过试验合理控制各种原料的用量。

5.4　注塑成型工艺

注塑成型工艺是一种在各行各业均得到普遍应用的常见工艺，在水密电连接器的生产过程中同样有应用。注塑成型工艺是指将熔融的原料通过加压、注入、冷却、脱离等操作制作成一定形状的半成品或成品的工艺过程。下面以聚苯醚(polyphenylene oxide，PPO)为例，简要介绍其注塑特性及注塑成型工艺。

1. PPO 注塑特性

PPO 是世界上普遍使用的工程塑料之一，其注塑特性归纳如下。

(1)PPO 的吸水率很低，但水分会使制品表面出现银丝、气泡等缺陷。为此，可将原料置于 80~100℃的烘箱中，干燥 16h 以上使用。

(2)PPO 的分子键刚性大，玻璃化转变温度高，不易取向，但强迫取向后很难松弛。因此制品内残余应力较高，一般要经过后处理。

（3）PPO 为无定形材料，在熔融状态下的流变性接近于牛顿流体，但随温度的升高，偏离牛顿流体的程度增大。

（4）PPO 熔体的黏度大，因此加工时应提高温度，并适当提高注射压力，以提高充模能力。

（5）PPO 的回料可重复使用，一般重复使用 2 或 3 次，其性能没有明显降低。

（6）对 PPO 熔体宜采用螺杆式注塑机成型，喷嘴采用直通式为佳，孔径为 3～6mm。

（7）在 PPO 注塑成型时，宜采取高压、高速注射，保压及冷却时间不能太长。

（8）模具的主流道宜采用较大的锥度，浇道以短粗为好。

（9）浇口宜采用直接式、扇形或扁平形，采用针状浇口时，直径应适当加大，对于长浇道可采用热流道结构。

（10）PPO 的成型收缩率较小，一般为 0.2%～0.7%，因而制品尺寸稳定性能优良。

（11）PPO 熔体的流动性差，为类似牛顿流体，黏度对温度比较敏感，制品厚度一般为 0.8mm 以上；极易分解，分解时产生腐蚀气体。宜严格控制成型温度，模具应加热，浇注系统对料流阻力应尽可能小。

2. PPO 注塑成型条件

1）料筒温度

PPO 具有很高的耐热性，热分解温度达 350℃，在 300℃以内无明显热降解现象。通常，料筒温度控制在 260～290℃，喷嘴温度低于料筒温度 10℃左右。

2）模具温度

PPO 熔体黏度大，因此在注塑成型时应采用较高模具温度。通常，模具温度控制在 100～150℃。模具温度低于 100℃时，薄壁注塑件易出现充模不足及分层现象；而高于 150℃时，易出现气泡、银丝、翘曲等缺陷。

3）注射压力

提高注射压力有利于熔料的充模，一般注射压力控制在 100～140MPa[3]。

4）保压压力

保压压力为注射压力的 40%～60%。

5）背压

背压为 3～10MPa。

6）注射速度

有长流道的制品需要快速注射，但在此情况下，需要确保模具有足够的通气性。

7) 螺杆转速

中等螺杆转速，折合线速度为 0.6m/s。

8) 计量行程

计量行程为 $0.5D \sim 3.5D$，其中 D 为料筒内径，单位为 mm。

9) 残料量

残料量为 $3 \sim 6$mm，取决于计量行程和螺杆直径。

10) 预烘干

在 110℃下烘干 2h。

11) 回收率

只要回料没有发生热降解，材料就可再生加工。

12) 收缩率

收缩率为 0.8%～1.5%。

13) 浇口系统

对小制品使用点式或潜伏式浇口，否则采用直浇口或圆片浇口；可采用热流道；机器停工时段关闭加热系统；底螺杆背压状态下，操作数次计量循环，像操作挤出机一样清空料筒。

14) 料筒设备

采用标准螺杆，增加止逆环，宜用直通式喷嘴。

3. 注塑成型特性

1) 收缩率

影响热塑性塑料成型收缩的因素如下。

(1) 热塑性塑料成型过程中存在结晶化引起的体积变化、内应力强、冻结在注塑件内的残余应力大、分子取向性强等因素，因此与热固性塑料相比收缩率较大、收缩率范围宽、方向性明显，另外成型后的收缩率、退火或调湿处理后的收缩率一般也都比热固性塑料大。

(2) 成型时熔融料与型腔表面接触外层立即冷却形成低密度的固态外壳。由于塑料的导热性差，注塑件内层缓慢冷却而形成收缩率大的高密度固态层。因此壁厚、冷却慢、高密度层厚的注塑件收缩率大。另外，有无嵌件及嵌件布局、数量都直接影响料流方向、密度分布及收缩阻力大小等，所以注塑件的特性对收缩率大小、方向影响较大。

(3) 进料口型式、尺寸、分布等因素直接影响料流方向、密度分布、保压补缩作用及成型时间。直接进料口、进料口截面大(尤其截面较厚的)的注塑件收缩率小但方向性大，进料口宽且短的注塑件收缩方向性小。距进料口近的或与料流方向平行的注塑件收缩率大。

(4)模具温度高,熔融料冷却慢、密度高、收缩率大,尤其对结晶料来说,因结晶度高,体积变化大,故收缩率更大。模具温度分布与注塑件内外冷却及密度均匀性也有关,直接影响各部分收缩率大小及方向性。另外,保持压力及时间对收缩率也影响较大压力大、时间长的注塑件收缩率小但方向性大。料温高,收缩率大但方向性小。注塑压力高,熔融料黏度差小,层间剪切应力小,脱模后弹性回跳大,故收缩率也可适量减小。因此在成型时调整模具温度、压力、注塑速度及冷却时间等因素也可适当改变注塑件收缩情况。

2)流动性

(1)热塑性塑料的流动性一般可从相对分子质量、熔融指数、阿基米德螺旋线流动长度、表观黏度及流动比(流程长度/注塑件壁厚)等一系列指数进行分析。相对分子质量小、相对分子质量分布宽、分子结构规整性差、熔融指数高、阿基米德螺旋线流动长度长、表观黏度小、流动比大的注塑件流动性较好,对同一品名的塑料必须检查其说明书并判断其流动性是否适用于注塑成型。按模具设计要求大致可将常用塑料的流动性分为三类。

①流动性好:尼龙(又称聚酰胺,polyamide,PA)、聚乙烯、聚苯乙烯(polystyrene,PS)、聚丙烯、醋酸纤维素(cellulose acetate,CA)、聚 4-甲基-1-戊烯。

②流动性中等:PS 系列树脂,如 ABS、聚甲基丙烯酸甲酯(polymethyl-methacrylate,PMMA)、聚甲醛(polyoxymethylene,POM)。

③流动性差:PC、PVC、PPO、聚砜(polysulfone,PSF)、聚芳砜(polyarylsulfone,PASF)、氟塑料。

(2)塑料的流动性也因各成型因素而变,主要影响因素有如下几点。

①温度。料温高则流动性增大,但不同塑料也各有差异,PS、聚丙烯、PA、PMMA、改性 PS(如 ABS)、PC、CA 等塑料的流动性随温度变化较大;对于聚乙烯、POM,则温度增减对其流动性影响较小。因此前者在成型时宜通过调节温度来控制流动性。

②压力。注塑压力增大则熔融料受剪切作用大,流动性也增大,特别是聚乙烯、POM 较为敏感,所以成型时宜通过调节注塑压力来控制流动性。

③模具结构。浇注系统的型式、尺寸、布置,冷却系统设计,熔融料流动阻力(如型面光洁度、料道截面厚度、型腔形状、排气系统)等因素都直接影响熔融料在型腔内的实际流动性,凡促使熔融料降低温度、增加流动性阻力的模具结构就会降低熔融料的流动性。模具设计时应根据所用塑料的流动性,选用合理的结构。成型时也可通过控制料温、模具温度及注塑压力、注塑速度等因素来适当地调节填充情况以满足成型需要。

3)结晶性

热塑性塑料按其冷凝时有无出现结晶现象,可划分为结晶型塑料与非结晶型

（又称无定形）塑料两大类。

结晶现象即塑料由熔融状态到固态时，分子由独立移动、完全处于无次序状态，变成分子停止自由运动，按略微固定的位置，并有一个使分子排列成为正规模型的倾向的现象。

判别这两类塑料的外观标准为塑料的厚壁注塑件的透明性，一般结晶型塑料为不透明或半透明（如 POM），无定形塑料为透明（如 PMMA）。但也有例外情况，如聚-4-甲基-1-戊烯为结晶型塑料却有高透明性，ABS 为无定形塑料却并不透明。

在模具设计及选择注塑机时对结晶型塑料有下列要求及注意事项。

（1）料温上升到成型温度所需的热量多，要用塑化能力大的设备。

（2）冷却回化时放出热量大，要充分冷却。

（3）熔融态与固态的密度差大，成型收缩率大，易发生缩孔、气孔。

（4）冷却快，结晶度低，收缩率小，透明度高。结晶度与注塑件壁厚有关，壁厚大则冷却慢，结晶度高，收缩率大，物性好。因此结晶型塑料应按要求控制模具温度。

（5）各向异性显著，内应力大。脱模后未结晶化的分子有继续结晶化倾向，处于能量不平衡状态，易发生变形、翘曲。

（6）结晶化温度范围窄，易发生未熔料未注入模具或堵塞进料口现象。

4）应力开裂及熔体破裂

有的塑料对应力敏感，成型时易产生内应力并质脆易裂，注塑件在外力作用下或在溶剂作用下会产生开裂现象。为此，除在原料内加入添加剂提高抗开裂性外，应注意对原料干燥处理，合理地选择成型条件，以减少内应力和提高抗开裂性；并应选择合理的注塑件形状，避免设置嵌件等来尽量减少应力集中。模具设计时应增大脱模斜度，选用合理的进料口及顶出机构，成型时应适当地调节料温、模具温度、注塑压力及冷却时间，尽量避免注塑件长时间冷却时脱模，成型后注塑件还应进行后处理以提高抗开裂性，消除内应力并禁止与溶剂接触。

当聚合物熔体在恒温下通过喷嘴孔时其流速超过某值后，熔体表面发生明显横向裂纹的情况称为熔体破裂，这有损注塑件外观及物性。故在选用熔体流动速率高的聚合物时，应增大喷嘴、浇道、进料口截面积，减小注塑速度，提高料温。

5）热性能及冷却速度

各种塑料有不同比热容、热导率、热变形温度等热性能。比热容高的塑料塑化时需要较多热量，应选用塑化能力大的注塑机。热变形温度高的塑料的冷却时间短，脱模早，但脱模后要防止冷却变形。热导率低的塑料冷却速度慢，故必须充分冷却，要加强模具冷却效果。热浇道模具适用于比热容低、热导率高的塑料。比热容高、热导率低、热变形温度低、冷却速度慢的塑料则不宜高速成型，必须选用适当的注塑机及加强模具冷却效果。

各种塑料按其种类特性及注塑件形状，必须保持适当的冷却速度，因此模具必须按成型要求设置加热和冷却系统，以保持一定模具温度。当料温使模具温度升高时应予以冷却，以防止注塑件脱模后变形，缩短成型周期，降低结晶度。当塑料余热不足以使模具保持一定温度时，模具应设有加热系统，使模具保持在一定温度，以控制冷却速度，保证流动性，改善填充条件；或用以控制注塑件使其缓慢冷却，防止厚壁注塑件内外冷却不均及提高结晶度等。对流动性好、成型面积大、料温不均的塑料则按注塑件成型情况需加热或冷却交替使用或局部加热与冷却并用，为此模具应设有相应的冷却或加热系统。

6）吸湿性

塑料中有各种添加剂，使其对水分有不同的亲疏程度，所以塑料大致可分为吸湿且易黏附水分、不吸湿也不易黏附水分两种。塑料中含水量必须控制在允许范围内，否则在高温、高压下，水分转变成气体或发生水解作用，会使树脂起泡、流动性下降、外观及力学性能不良。因此吸湿性塑料必须按要求采用适当的加热方法及规范进行预热，在使用时防止再吸湿。

5.5 环氧树脂灌封工艺

如上所述，橡胶模压成型水密电连接器生产过程中，其水密插头及水密插座均需浇注环氧树脂。实际上，不仅仅是橡胶模压成型水密电连接器，其他系列水密电连接器，如金属壳水密电连接器，在生产过程中也都应用到环氧树脂灌封工艺。环氧树脂灌封在增加水密电连接器自身强度、抵抗外部环境水压力的同时，还使水密电连接器接插件获得定位，并使其具有良好的绝缘性能，以满足使用要求。另外，环氧树脂灌封也使水密电连接器接触件得到了很好的固定及保护。可见，环氧树脂灌封工艺是水密电连接器制作过程中普遍应用且十分重要的工艺环节。

1. 环氧树脂及其特性简介

环氧树脂泛指分子中含有两个或两个以上环氧基团的有机化合物，除个别环氧树脂外它们的相对分子质量都不高。环氧树脂的分子结构以分子链中含有活泼的环氧基团为特征，环氧基团可以位于分子链的末端、中间或呈环状结构。由于分子结构中含有活泼的环氧基团，它们可与多种类型的固化剂发生交联反应而形成不溶的具有三维网状结构的高聚物。

凡分子结构中含有环氧基团的高分子化合物统称为环氧树脂。它有液态和固态两种状态，平均相对分子质量为 300～8000，为线型结构。室温和通常加热条件都不会固化，因此一般不能直接使用。只有加入固化剂固化后，使之交联形成三维网状结构，才会显示出各种优异的性能，具有真正的使用价值[4]。

固化后的环氧树脂具有良好的物理、化学性能，它对金属和非金属材料的表面具有优异的黏接强度，介电性能良好，变形收缩率小，制品尺寸稳定性好，硬度高，柔韧性较好，对碱及大部分溶剂稳定，因而应用范围十分广泛。其主要特性如下。

(1)力学性能好。环氧树脂具有很强的内聚力，分子结构致密，所以它的力学性能高于酚醛树脂和不饱和聚酯等通用型热固性树脂。

(2)附着力大。环氧树脂固化体系中含有活性极大的环氧基、羟基以及醚键、胺键、酯键等极性基团，赋予环氧树脂固化物对金属、陶瓷、玻璃、混凝土、木材等极性基材以优良的附着力。

(3)固化收缩率小。环氧树脂固化收缩率一般为 1%～2%，是热固性树脂中固化收缩率最小的品种(酚醛树脂为 8%～10%；不饱和聚酯为 4%～6%；有机硅树脂为 4%～8%)。环氧树脂线胀系数也很小，一般为 $6\times10^{-5}℃^{-1}$，所以固化后体积变化不大。

(4)工艺性好。环氧树脂固化时基本上不产生低分子挥发物，所以可低压成型或接触压成型。环氧树脂能与各种固化剂配合制造无溶剂、高固体含量的粉末涂料及水性涂料等环保型涂料。

(5)电绝缘性能优良。环氧树脂是热固性树脂中介电性能较好的品种之一。

(6)稳定性好。环氧树脂抗化学药品性能优良。不含碱、盐等杂质的环氧树脂不易变质。只要储存得当(密封、不受潮、不遇高温)，其储存期为 1 年。超期后若检验合格仍可使用。环氧树脂固化物具有优良的化学稳定性，其耐碱、酸、盐等多种介质腐蚀的性能优于不饱和聚酯、酚醛树脂等热固性树脂。因此环氧树脂大量用作防腐蚀底漆，又因环氧树脂固化物呈三维网状结构，且能耐油类等的浸渍，故广泛应用于油槽、油轮、飞机等的整体油箱内壁衬里等。

(7)耐热性。环氧树脂固化物的耐热温度一般为 80～100℃，甚至可达 200℃以上或更高。

(8)外观与色泽。环氧树脂随相对分子质量的变化而改变其外观状态，从低黏液体变为半固态直至固体。环氧树脂都是透明的，因制造工艺不同而呈无色或淡黄色。

环氧树脂通常用于浇注、浸渍、层压料、胶黏剂、涂料等。正是由于具有如上诸多优异性能，环氧树脂在水密接插件上得到了广泛应用。

2. 固化剂

固化剂又称硬化剂，是指能将可溶可熔的线型结构聚合物转变为不溶不熔体型结构的一类物质。环氧树脂固化剂按化学结构分为碱性环氧树脂固化剂和酸性环氧树脂固化剂；按固化机理分为加成型环氧树脂固化剂和催化型环氧树脂固化剂。未固化的环氧树脂是低聚物，在室温和一般加热时都不会固化，无法直接使用。只有加入适当的固化剂，在一定的条件下固化，生成三维网状结构产物，才会尽显各种优良的性能，具有真正的实用价值。可以说固化剂的作用举足轻重，因此，开发新型固化剂有时比开发新型环氧树脂更重要。

固化剂品种繁多，性能迥异，进行适当的分类，可易于掌握，方便使用。固化剂按固化温度分为低温固化剂（室温以下）、室温固化剂（室温～50℃）、中温固化剂（50～100℃）、高温固化剂（＞100℃）；按固化剂酸碱性分为碱性固化剂和酸性固化剂；按固化剂功能分为通用固化剂和特种固化剂，后者包括韧性固化剂、耐热固化剂、阻燃固化剂、环保型固化剂等[4]。

固化剂的用量以适当为宜，过多或过少都有害无益。

3. 环氧树脂灌封工艺简介

环氧树脂灌封工艺中，应用比较成熟的是真空浇注工艺和自动压力凝胶工艺。

1）真空浇注工艺

真空浇注工艺是目前环氧树脂灌封中应用最为广泛、工艺条件最为成熟的工艺[5]。环氧树脂灌封的电气绝缘制品通常都要求外观完美、尺寸稳定、力学性能和电性能俱佳。这些性能要求能否实现取决于制件本身的设计、浇注用材料的选择、浇注工艺条件的控制等各个方面。环氧树脂真空浇注工艺的技术要点就是尽可能减少浇注制品中的气隙和气泡。为了达到这一目的，在原料的预处理、混料、浇注等各个工序都需要控制好真空度、温度及工序时间。

2）自动压力凝胶工艺

自动压力凝胶工艺是20世纪70年代初由瑞士Ciba-Geigy公司开发的技术。这种工艺类似于热塑性塑料注射成型的工艺，因此也称为压力注射工艺。它最为显著的优点是大大提高了浇注工效，该工艺是真空浇注由间歇、手工操作向自动化生产发展的一场革命。

自动压力凝胶工艺的特点是模具利用率高、生产周期短、劳动效率高；模具装卸过程中损伤程度低、机械使用寿命长；自动化程度高、操作人员劳动强度小；制品成型性好、产品质量高。

与真空浇注工艺相比，自动压力凝胶工艺的主要特点是：

(1)灌封材料在外界压力下通过管道由注入口注入模具；

(2)物料的混料处理温度低，模具温度高；

(3)物料进入模具后，固化速度快，通常为十几分钟至几十分钟；

(4)模具固定在液压机上，模具加热由模具或模具固定板上的电热器完成；

(5)模具的合拆由液压机上模具固定板的移动来完成。

4. 水密电连接器环氧树脂灌封过程

水密电连接器的环氧树脂灌封通常是一个中间工艺过程。当进行环氧树脂灌封时，首先，将水密插头或水密插座通过工装固定在干燥箱内预加热。其次，用药匙将环氧树脂盛入纸杯中，放置在干燥箱内，进行预热稀释处理，并将稀释好的环氧树脂与固化剂按一定质量比进行配比且搅拌均匀。再次，将配置好的环氧树脂放入真空装置进行抽真空，真空度要接近-0.1MPa；同时观察环氧树脂中的气泡是否破裂，破裂后即可停止抽真空。最后，将抽过真空的环氧树脂向每一个预热的水密插头或水密插座环氧树脂灌封部位浇注，注意导线一定要居中且环氧树脂灌封平面应与壳体末端面平齐。经过一段时间以后，检查有无缺环氧树脂或气泡现象，如果有则需要补充。对于补过环氧树脂的水密插头或水密插座，还应继续置于干燥箱内加温固化。图 5.13 为水密插座在干燥箱内浇注环氧树脂；图 5.14 为环氧树脂固化后的水密插座。

图 5.13　水密插座浇注环氧树脂　　　图 5.14　环氧树脂固化后的水密插座

5.6　焊接工艺

每一个水密电连接器产品，无论是水密插头还是水密插座，都涉及电缆或导线与接触件之间的焊接工艺，人们常常忽视其重要性而导致焊接缺陷。同时，由于焊点常常被封装在水密电连接器的环氧树脂或硫化橡胶内部，出现的焊接缺陷具有隐蔽性而不易被发现。如果放松工艺检验程序，则由此产生的隐患就会在水密电连接器的使用过程中引发故障，甚至产生严重后果。

1. 焊接工作环境

焊接工作环境对完成焊接工艺的质量有重要影响。水密电连接器的焊接工艺对焊接工作环境的最基本要求有如下两个方面：一是空气洁净度，操作场地不允许进行使空气中产生悬浮物的工作或其他活动；二是焊接过程中产生的有害气体应采取措施及时排除或处理，以免造成对操作工人健康方面的影响。具体要求应符合国家有关法规和标准的规定。例如，手工焊接操作场地的环境条件应符合国家军用标准 GJB 3242—1998《卫星通信地面侦察站跟踪与伺服系统通用规范》及航天行业标准 QJ 165B—2014《航天电子电气产品安装通用技术要求》的要求；静电放电敏感器件的安装和焊接应符合国家军用标准 GJB 3007A—2009《防静电工作区技术要求》的要求等。

2. 焊接工具及材料

1）电烙铁

水密电连接器手工焊接用电烙铁应满足下列要求。

(1)手工焊接应使用温度能自动控制的电烙铁，电烙铁的温度应定期校验。

(2)烙铁头的大小应满足焊接空间和连接点的需要，不应造成邻近区域元器件和连接点的损伤。

(3)根据不同的线径、接触件直径及连接点尺寸，选用不同功率的电烙铁。

(4)电烙铁工作时应保持良好接地。

2）剥线工具

导线绝缘层的剥除一般应使用热控剥线工具；机械剥线应采用不可调钳口的精密剥线钳，并保证钳口与导线规格选择匹配。

3）剪切和成型工具

剪切工具应保证导线或引线的切口整齐，无毛刺，无多余棱角或尖角。剪切多余的导线或引线应使用留屑钳。引线成型一般使用专用工具，成型部位应无棱角。成型时，弯曲部位应保证一定的弯曲半径，以消除应力。

4）焊料焊剂

除特殊要求外，手工焊接一般应采用符合国标 GB/T 3131—2001《锡铅钎料》的 HLSn60Pb 或 HLSn63Pb 线状焊料，焊料直径按连接点的大小选择，通常选用的焊料直径为 0.5mm 或 0.8mm。

采用带焊剂芯的焊料或液态焊剂时，应采用符合国标 GB/T 9491—2002《锡焊用液态焊剂(松香基)》的 R 型(纯松香基)或 RMA 型(中等活性松香基)焊剂。导线、电缆的焊接不应使用 RA 型(活性松香基)焊剂。

5）溶剂

用于清除油脂、污物、焊剂残渣的溶剂应采用非导电和非腐蚀性物质，且应根据不同的清洗对象选择相应的清洗溶剂。常用的溶剂有无水乙醇、异丙醇、航空洗涤汽油、三氯三氟乙烷等[6]。

3. 焊接工艺过程

1) 电烙铁准备

烙铁头应完全插入加热器内，加热部分与手柄应牢固可靠。将烙铁头加热至可以熔化焊料的温度，在头部浸一层薄而均匀的焊料，并用清洁潮湿的海绵或湿布将烙铁头表面擦拭干净。

2) 清洁处理

待焊的导线、元器件引线、接触件等均应进行表面清洁处理，并保证其可焊性。

3) 加焊剂

所有焊接部位均应使用焊剂。使用液态焊剂时，应薄而均匀地涂于连接部位；使用带焊剂芯的线状焊料时，除重焊或返工外，不再使用液态焊剂。

4) 加热

将电烙铁置于连接部位，热能通过焊剂迅速传递并达到焊接温度。应避免过长的加热时间，以及过高的压力和温度。对电子元器件的焊接，建议烙铁头温度为 280℃，且任何情况下不得超过 320℃。

5) 加焊料

焊料应加在烙铁头和连接部位的结合部，并保持热传导的焊料桥，焊料应适量并覆盖整个连接部位，形成凹形焊锡轮廓线。根据连接部位的结构特征，焊接操作时间一般不超过 3s；热敏元件焊接时应采取必要的散热措施。

6) 冷却

焊点应在室温下自然冷却，严禁用嘴吹或用其他强制冷却方法。在焊料冷却和凝固的过程中，焊点不应受到任何外力的影响。

7) 清洗

焊点及周围表面的焊剂残留物、油污、灰尘等应进行 100% 的清洗[6]。

4. 焊点返工要求

水密电连接器的接触件与金属导线、水密电缆在焊接过程中难免出现焊点缺陷。对有焊接缺陷的焊点允许返工，但每个焊点的返工次数不得超过三次。

具有下列类型焊接缺陷的焊点，允许返工重焊，必要时，可添加焊剂和焊料。

(1) 焊料不足或过量。

(2) 冷焊点。

(3) 焊点裂纹或焊点位移。

(4) 焊料润湿不良。

(5) 焊点表面有麻点、孔或空洞。

(6) 连接处母材金属暴露。

(7)焊点拉尖、桥接[6]。

5. 合格焊点判定依据

水密电连接器的合格焊点检查及判定是水密电连接器焊接工艺的重要内容之一。只有符合下列要求的焊点，才能判定为合格焊点。

(1)焊点表面光滑、明亮，无针孔或非结晶状态。

(2)焊料应润湿所有焊接表面，形成良好的焊锡轮廓线，润湿角一般应小于30°。

(3)焊料应充分覆盖所有连接部位，但应略显导线或引线外形轮廓，焊料不足或过量都是不允许的。

(4)焊点和连接部位不应有划痕、尖角、针孔、砂眼、焊剂残渣、焊料飞溅物及其他异物。

(5)焊料不应呈滴状、尖峰状，相邻导电体间不应发生桥接。

(6)焊料或焊料与连接件之间不应存在裂缝、断裂或分离。

(7)不应存在冷焊或过热连接[6]。

对判定不合格的焊点，如果符合上述返工要求，可进行返工处理直至合格；不符合返工要求的焊点应酌情予以报废。

5.7 水密电连接器模具设计及应用

在各类水密电连接器的加工和制作过程中，通常都会大量应用到各式模具。模具在水密电连接器的生产过程中起着重要的、不可替代的作用。不仅水密电连接器的水密插头及水密插座的生产过程中需要使用模具，水密电连接器的系列附件，如非金属连帽等，也都要使用模具来加工。下面以 3.1 节中介绍过的干插拔水密电连接器及 3.2 节中介绍过的湿插拔水密电连接器的生产过程中所使用到的橡胶体硫化模具为例，就设计及应用方面的一些问题加以简要讨论和说明。

水密电连接器橡胶体硫化模具的设计通常以接插件的整体结构设计为主要依据，充分考虑所用橡胶材料的硬度、收缩率等因素，合理配置注胶口及排气孔并优化橡胶流道结构。合理配置注胶口、橡胶流道阻力最小化的截面设计，以及对称性型腔布置，使胶料同时到达模具型腔内的同一距离，并以最小的压力损失到达型腔内每个角落。合理设计排气孔位置及尺寸，使硫化时胶料中的挥发分及硫化剂的分解气体能够及时、有效地排出；而合理选择模具材料及其表面处理工艺，将最大限度降低模具磨损，延长模具机械使用寿命。

水密电连接器橡胶体硫化模具设计的优劣对水密电连接器的尺寸、位置精度、橡胶体的内在及表观质量等均有重要影响，直接关系水密电连接器的插合精度、插拔力、机械使用寿命、互换性及其他重要性能指标的实现；同时对水密电连接器产品质量有重要影响。

5.7.1 干插拔水密电连接器橡胶体硫化模具

在水密插座与水密插头的生产过程中都包括橡胶硫化工艺，而橡胶硫化工艺中不可或缺的就是橡胶体硫化模具。

1. 干插拔水密插座橡胶体硫化模具

图 5.15 为干插拔水密插座橡胶体硫化模具示意图。

从图 5.15 中可以看出，水密插座橡胶体硫化模具主要由插座模芯和上下模等部分组成。水密插座为针型插座，插针通过一个支撑块装配在插座壳体内，并由插座模芯轴向定位。插座模芯在该模具中具有重要作用，它不仅定位了插针，而且决定了硫化橡胶体的轮廓尺寸及精度。图 5.16 为干插拔水密插座模芯示意图。

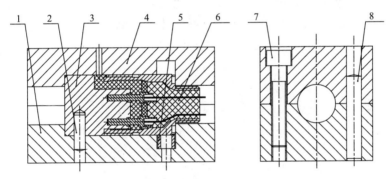

图 5.15　干插拔水密插座橡胶体硫化模具示意图

1-下模；2-圆柱定位销；3-插座模芯；4-上模；5-垫块；6-水密插头；7-紧固螺钉；8-圆柱销

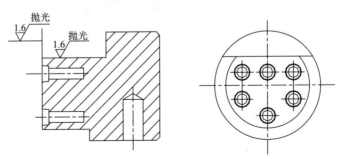

图 5.16　干插拔水密插座模芯示意图

关于插座模芯的设计，重点要关注以下几点。

(1)要根据所用硫化橡胶的硫化收缩比来设计模芯尺寸，以满足硫化工艺后水密插座的硫化橡胶体的尺寸要求，尤其是密封部位的尺寸要求。

(2)插座模芯上与水密插座插针配合的定位孔的位置精度有严格要求，是成型后水密插头与水密插座准确插合并良好接触的重要保证，从而满足接触件接触电阻的性能指标要求。

(3)插座模芯的表面粗糙度直接决定了插座硫化橡胶体的表面粗糙度。通常要求表面抛光处理。

(4)插座模芯及插座壳体均安装在模具的上下模型腔内，它们的同轴度要求得到充分保证。

关于模具上下模的设计，重点要关注以下几点。

(1)上模注胶口的设计要考虑注胶的流动方向，应从小直径方向向大直径方向流动，这样才能有利于模具型腔内气体的排出，不至于硫化完成后橡胶体产生微小气泡/气孔。

(2)上下模要留有起模口，以方便硫化后的模具开模及工件取出。

(3)型腔内表面抛光处理。

(4)定位销起到导向作用，保证上下模型腔的一致性。

(5)采用一模双穴的设计方法，可以提高生产效率。

干插拔水密电连接器插座模具实物如图 5.17 所示。

图 5.17　干插拔水密电连接器插座模具(实物)

2. 干插拔水密插头橡胶体硫化模具

在水密插头的生产过程中分别使用内橡胶体硫化模具(插头体模具)及外橡胶体硫化模具。图 5.18 为干插拔水密插头的插头体模具示意图。

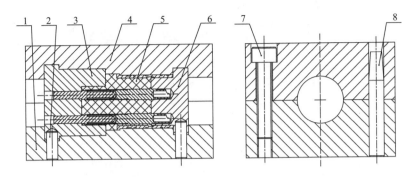

图 5.18　干插拔水密插头的插头体模具示意图

1-下模；2-圆柱定位销；3-插头体左模芯；4-上模；5-插头体；6-插头体右模芯；7-紧固螺钉；8-圆柱销

从图 5.18 中可以看出，插头体模具主要由上下模及插头体左右模芯等组成。插头体为孔型插头体，插孔在插头体壳体内的位置由插头体左右模芯确定。该套模具的关键在于插头体左右模芯的设计。图 5.19 为干插拔插头体左模芯示意图，图 5.20 为干插拔插头体右模芯示意图。

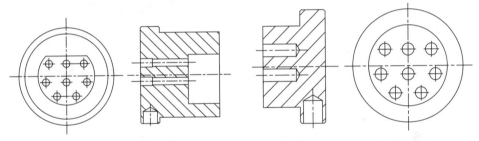

图 5.19　干插拔插头体左模芯示意图　　　图 5.20　干插拔插头体右模芯示意图

上述两模芯的设计准则及设计中的关键点基本与插座模芯相同，不同且最为关键的一点是：在插头体左模芯上安装的圆柱定位销，应当将在插头体右模芯上安装的插孔的端口密封住，以防在注胶的过程中流动的橡胶进入插孔内。由于注胶过程是带压进行的，密封如果处理不好，橡胶很容易从缝隙进入插孔内，后续将很难处理。

插头体模具的上下模设计要求与水密插座橡胶体硫化模具基本相同，不在此赘述。

图 5.21 为干插拔水密插头的外橡胶体硫化模具示意图。它主要由上下模、挡板、上下夹缆套等组成。

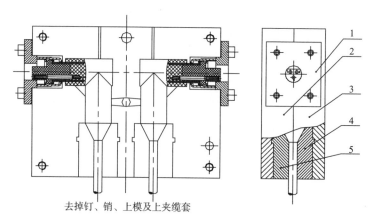

去掉钉、销、上模及上夹缆套

图 5.21　干插拔水密插头外橡胶体硫化模具示意图

1-挡板；2-下模；3-上模；4-上夹缆套；5-下夹缆套

该模具为一模双穴直角式水密插头外橡胶体硫化模具。其中挡板用于插头体在型腔内定位并阻止注胶过程中插头体的窜动。该模具的特点归纳如下。

(1)模具的上下夹缆套设计成镶嵌式，不同直径的电缆硫化时可选用相应的夹缆套，以提供足够的夹紧力。这样可防止注胶过程中由于注胶压力的作用而把电缆挤出，导致硫化失败。

(2)采用一模双穴的设计方法，提高水密插头的外橡胶体硫化生产效率。

(3)采取定位销导向方式，保证上下模型腔合模时准确对中。

从水密插头生产过程中模具的使用情况来看，水密插头是经过二次硫化后成型的。第一次硫化利用插头体模具，使插头体硫化成型；第二次硫化利用外橡胶体硫化模具，实现水密插头插头体与水密缆的连接并最终成型。图 5.22 为干插拔水密插头插头体模具实物；图 5.23 为干插拔水密插头外橡胶体硫化模具实物。

图 5.22　干插拔水密插头插头体模具(实物)

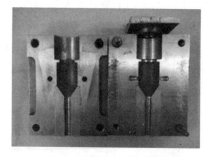

图 5.23　干插拔水密插头外橡胶体硫化模具
(实物)

5.7.2 湿插拔水密电连接器橡胶体硫化模具

湿插拔水密电连接器橡胶体硫化模具的结构及配置与干插拔水密电连接器橡胶体硫化模具的结构及配置基本相同。但由于两种水密电连接器本身结构上具有差异，橡胶体硫化模具还是有细节上的不同。

1. 湿插拔水密插座橡胶体硫化模具

图 5.24 为湿插拔水密插座橡胶体硫化模具示意图。从图中可以看出，它主要由上下模、模芯、插孔定位销等组成。

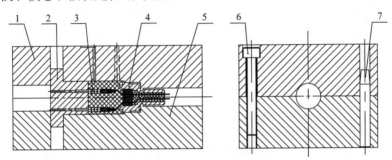

图 5.24　湿插拔水密插座橡胶体硫化模具示意图

1-上模；2-模芯；3-插孔定位销；4-水密插座壳体；5-下模；6-紧固螺栓；7-圆柱定位销

该水密插座为孔型插座。与干插拔水密插座不同，该水密插座内的定位块不对插孔定位而只对线缆起约束作用。插孔通过模芯上安装的插孔定位销实现在插座壳体内的定位。图 5.25 为湿插拔水密插座模芯示意图，其上的插孔定位销安装孔的位置与水密插座上的插针排布相同。图 5.26 为湿插拔水密插座橡胶体硫化模具的3D 模型图。

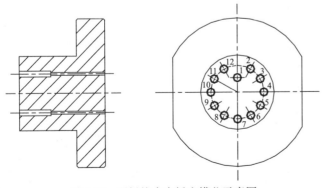

图 5.25　湿插拔水密插座模芯示意图

图 5.26　湿插拔水密插座橡胶体硫化模具(3D 模型)

2. 湿插拔水密插头橡胶体硫化模具

图 5.27 为湿插拔水密插头橡胶体硫化模具示意图。从图中可以看出，它主要由上下模、模芯、上下夹缆套等组成。

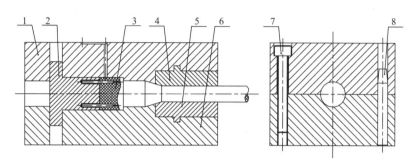

图 5.27　湿插拔水密插头橡胶体硫化模具示意图

1-上模；2-模芯；3-水密插头；4-上夹缆套；5-下夹缆套；6-下模；7-紧固螺栓；8-圆柱定位销

该水密插头为针型插头。插针在水密插头上的位置由模芯来保证。上下夹缆套同样设计成镶嵌式，以满足不同直径的电缆硫化需求，保证具有足够的夹紧力。图 5.28 为湿插拔水密插头模芯示意图。图 5.29 为湿插拔水密插头橡胶体硫化模具的 3D 模型图。

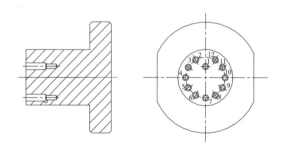

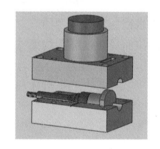

图 5.28　湿插拔水密插头模芯示意图　　　图 5.29　湿插拔水密插头橡胶体硫化
模具(3D 模型)

与干插拔水密插头的二次硫化成型不同，湿插拔水密插头不区分内硫化橡胶体及外硫化橡胶体，而是一次硫化成型。

图 5.30 为湿插拔水密插座橡胶体硫化模具实物；图 5.31 为湿插拔水密插头橡胶体硫化模具实物。

图 5.30 湿插拔水密插座橡胶体
硫化模具(实物)

图 5.31 湿插拔水密插头橡胶体
硫化模具(实物)

5.7.3 水密电连接器橡胶硫化工艺的注胶方式

如前所述,无论是干插拔水密电连接器,还是湿插拔水密电连接器,其橡胶硫化工艺过程中的注胶方式通常都采用缠胶方式和压力注胶方式。

压力注胶方式即在硫化时采用在模具上放置加料罐的方式进行注胶,如图 5.32 所示。

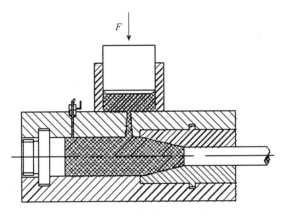

图 5.32 压力注胶方式示意图

具体操作时,在将上模与下模合模后,把加料罐放在上模注胶口处,并在罐体中加入一定量的混炼胶。把加料罐芯体放入加料罐中,并打开安装在模具上的排气阀。上述准备工作完毕后,将模具放置在平板硫化机上并缓慢加压。当排气阀出胶后,即可关闭排气阀。此时,继续加压几秒,然后开始保压过程直至规定的硫化时间。

压力注胶方式可以使橡胶件内部结构致密、坚实、无气泡产生，同时连接器表面光滑、无缺胶现象，也提高了硫化橡胶的抗压强度与承压能力。

缠胶方式即将炼好的胶片剪成宽度适中的橡胶条，按一定的使用量缠在水密插头的插头体外表面及电缆涂胶部位上，并将其放置在已经预热好的插头外橡胶体硫化模具中。

在缠胶方式中，橡胶的使用量很关键，应根据经验及实际操作情况加以准确计量。如果缠胶量不足，硫化后橡胶表面易产生凹陷、裂口等缺陷，此时应及时对缺陷部位进行补胶处理。

参 考 文 献

[1] 翁国文, 杨慧. 橡胶技术问答——原料·工艺·配方篇[M]. 北京: 化学工业出版社, 2010.

[2] 李秀权. 硫化橡胶制品常见缺陷成因及改进措施[EB/OL]. (2018-11-05) [2019-02-18].https://baijiahao.baidu.com/s?id=1616285091883625788&wfr=spider&for=pc.

[3] 孙树安, 冯建业. 聚苯醚(PPO)工程塑料的注射成型工艺[C]. 工程塑料优选论文集, 1993: 140-141.

[4] 李广宇, 李子东, 吉利, 等. 环氧胶黏剂与应用技术[M]. 北京: 化学工业出版社, 2007.

[5] 梁伟文. 环氧树脂真空浇注过程中产品的气泡控制[J]. 工程研究, 2003(1): 13.

[6] 张伟. 《航天电子电气产品手工焊接工艺技术要求》标准介绍与实施[J]. 航天标准化, 2010(1): 22-26.

6

水密电连接器性能检测试验

    任何一种产品都必须按照相关标准或技术规范的要求进行生产，经检验合格后方可投入市场和实际应用，水密电连接器也不例外。水密电连接器是按照一定的规范或标准进行生产的，产品质量是否合格，是否符合相关标准要求，只有按照特定的检测方法、通过特定的检测试验，方可得出结论。水密电连接器性能检测是水密电连接器生产不可或缺的重要环节，必须全方位、毫无折扣地贯彻执行。

    本章以质量一致性检验中的常规交收检验项目为主要内容进行讨论。通常在连接器产品技术条件中，都会明确给出连接器的性能参数和检测试验方法。但无论是生产商还是使用者，在具体执行和操作中尚存在许多差异。采用的仪器、测试工装、操作方法、样品条件和环境条件等因素不同，往往直接影响产品检验的准确性和一致性。

6.1　水密电连接器性能参数体系

    当工程技术及科研人员在自身的工作中涉及水密电连接器的选型时，首先想到的常常是水密电连接器的工作水深(耐水压等级)、额定工作电压、额定工作电流等性能参数。实际上，除这些主要性能参数外，水密电连接器还有许多其他方面的性能参数。这些性能参数形成了对某一特定的水密电连接器较完善的功能描述，是设计工作中必不可少的参考因素，同时是判别水密电连接器质量和可靠性的重要依据。

    一般而言，电连接器的基本性能可分为三大类，即力学性能、电气性能和环境性能。对水密电连接器而言，由于工作介质为海水(或淡水)，其环境性能还包括耐水压性能。下面对水密电连接器性能参数体系进行简要介绍。

1. 力学性能参数

水密电连接器力学性能参数与其使用环境和力学性能相关，主要包括水密电连接器的芯数、耐水压等级、机械使用寿命(插拔次数)、插拔力及互换性等。下面对上述常用的力学性能参数逐一进行简要说明。

1)水密电连接器芯数

水密电连接器的芯数是指其接触件的数量，即插针或插孔的数量。常用的有2芯、3芯、6芯、8芯、12芯水密电连接器，此外还有36芯、128芯甚至更多芯数的水密电连接器。通常水密电连接器的芯数系列并不是随意编排的，而主要从最大限度地满足实际使用需求及使用便利性来考量。水密电连接器的芯数是按一定规律，符合既定型谱进行排布的。图6.1和图6.2分别是美国SEACON公司55系列20号和32号水密电连接器芯数系列及型谱排布。

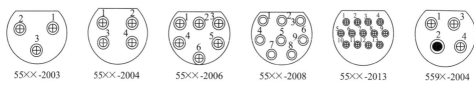

图6.1 SEACON公司55系列20号水密电连接器芯数系列及型谱排布

××表示不同结构型式的水密插头或水密插座，下同

图6.2 SEACON公司55系列32号水密电连接器芯数系列及型谱排布

2)水密电连接器耐水压等级

水密电连接器的耐水压等级表示其可承受海水(或淡水)压力，对应一定的工作水深。通常这一指标也用水密电连接器的工作水深表示。常见的水密电连接器的耐水压等级对应的工作水深有1000m、7000m及11000m(全海深)等；除此之外，不同厂家、不同型号的水密电连接器还有不同的耐水压等级或工作水深分级。

国外水密电连接器的耐水压指标的单位常用psi来表示。1MPa≈145psi，对应100m工作水深。

3)水密电连接器机械使用寿命

水密电连接器的机械使用寿命实际上是一种耐久性指标，它以一次插入和一次拔出为一个循环，以在规定的插拔循环(次数)后，水密电连接器能否完成其连接功能(如接触电阻)作为评判依据，通常用水密电连接器的插拔次数来表示，即水密电连接器的插头和插座插合及分离的次数。当水密电连接器插拔次数超过一定值时，金属接触件发生疲劳会导致其插拔力发生变化，反映到接触电阻与初始值相比都会发生变化，可能造成水密电连接器不能安全、稳定和可靠地工作，即水密电连接器达到了机械使用寿命，此时的水密电连接器不应再使用。通常干插拔及湿插拔水密电连接器的机械使用寿命均不小于 500 次；水下插拔电连接器的机械使用寿命相对会小一些，一般为几十次至上百次。

4）水密电连接器插拔力

连接器的插合力和分离力具有不同要求，有关标准中会有最大插合力和最小分离力的规定。一般而言，水密电连接器的插合力要小一些，但分离力并非越小越好。若分离力太小，将会影响水密电连接器插合的可靠性。水密电连接器的插拔力与机械使用寿命、接触件结构（正压力大小）、接触件镀层质量（滑动摩擦系数大小）及接触件排布位置精度等有关。

5）水密电连接器互换性

水密电连接器互换性是指配对使用的水密电连接器的水密插头和水密插座彼此可实现任意互换，即同一规格的水密电连接器，其任一水密插头均可与任一水密插座实现可靠连接与使用，相反亦然。

2. 电气性能参数

水密电连接器常用电气性能参数除额定工作电流和额定工作电压外，还包括绝缘电阻、接触电阻和绝缘介质耐电压（又称抗电强度）。它们是表征水密电连接器质量稳定性及性能可靠性最基本、最重要的电气性能参数。

1）绝缘电阻

连接器的绝缘电阻是指在连接器的绝缘部分施加一定电压，从而使绝缘部分的表面或内部产生漏电流而呈现出的电阻值。绝缘电阻（MΩ）=加在绝缘部分的电压（V）/漏电流（μA）。通过连接器绝缘电阻的检测，可以确定连接器的绝缘性能是否符合电路设计要求，或在经受温度、湿度等环境条件变化时，确定其绝缘电阻是否符合有关技术条件的规定及是否满足使用要求[1]。

通常水密电连接器都要求有足够的绝缘电阻。绝缘电阻低，意味着漏电流将增大，这将影响甚至破坏电路的正常工作。如果形成反馈回路、发热和直流电解等，将使水密电连接器的电气性能下降，甚至导致绝缘破坏。

水密电连接器的绝缘电阻通常是指相邻接触件之间，以及接触件与连接器金属壳体之间的绝缘电阻，是水密电连接器最基本的绝缘指标。在试验电压及连续施加测试电压的持续时间一定的条件下，绝缘电阻主要取决于水密电连接器所使用的绝缘体材料的绝缘性能、接触件间距、测量时的环境温/湿度及污损等因素。

水密电连接器绝缘体材料的选用非常重要，对连接器绝缘电阻的大小及稳定性有重要影响。例如，不宜使用酚醛玻纤增强塑料或尼龙等材料制作绝缘体，这些材料内含极性基团，吸湿性大，常温或低温下绝缘性能或可满足要求，而在高温潮湿条件下则会造成连接器绝缘性能不合格[1]。

潮湿环境引起水蒸气在连接器绝缘体表面的吸附和扩散，容易使绝缘电阻降低。而绝缘体内部和表面的洁净度对绝缘电阻的影响也很大，注塑绝缘体用的粉料或胶料中混有杂质，或多次插拔磨损残留的焊剂渗入绝缘体表面，都会明显降低绝缘电阻。

常态下，水密电连接器绝缘电阻应不小于200MΩ，更高要求的绝缘电阻应不小于500MΩ。

2）接触电阻

水密电连接器接触电阻通常是指水密插头与水密插座完全插合后，插针与对应的插孔接触面间形成的电阻。它是衡量水密电连接器插合状态和工作状态稳定性的一个基本指标。大电流通过大的接触电阻时，有可能产生过多的能量消耗，并使触点产生危险的过热现象。因此，在很多应用中要求接触电阻小且稳定，以使触点上的电压降不致影响电路的精度[1]。

影响水密电连接器接触电阻的因素包括接触件的材料、加工精度及表面处理工艺、接触件接触表面之间由插拔力产生的正压力、接触件表面清洁状态及工作电流和工作电压等。

常态下，水密电连接器接触电阻应不大于10mΩ。

3）绝缘介质耐电压

水密电连接器绝缘介质耐电压是指接触件之间及接触件与金属壳体之间在规定时间内施加规定的电压，以此来确定水密电连接器在额定工作电压下能否安全工作，能否耐受由开关浪涌及其他类似现象所导致的过电位的能力，从而评定水密电连接器绝缘材料或绝缘间隙是否合格[1]。

水密电连接器绝缘介质耐电压主要受绝缘材料、洁净度、湿度、大气压力、接触件间距、爬电距离和耐压持续时间等因素影响。如果绝缘体内有缺陷，在施加试验电压后，则易产生击穿放电或损坏。击穿放电表现为电弧（表面放电）、火花放电（空气放电）或击穿（击穿放电）现象。在水密电连接器小型化、高密度发展的趋势下，同一绝缘体材料最小的接触件间距在水密电连接器的设计中必须得到保证。而爬电距离是指接触件与接触件之间或接触件与金属壳体之间沿绝缘体表面量得的最短距离。爬电距离短，容易引起电弧。因此，水密电连接器设计中，爬电距离是重要的考虑因素之一。

水密电连接器绝缘介质耐电压主要依据水密电连接器的额定工作电压而定。当水密电连接器按此电压及规定的绝缘介质耐电压试验方法进行绝缘介质耐电压试验时，漏电流不应大于 5mA，且无击穿或电弧现象。

3. 环境性能参数

水密电连接器常见的环境性能包括耐温性能(用工作温度和储存温度表示)、耐湿性能、耐盐雾性能、耐振动和冲击性能、耐水压性能等。

1)工作温度

水密电连接器的工作温度是其可正常工作的温度区间。例如，SubConn 公司的圆形系列水密电连接器的工作温度为-4～60℃；德国 GISMA 公司的 80 系列水下插拔电连接器的工作温度为-5～40℃。

2)储存温度

水密电连接器的储存温度是其存放备用的温度区间。例如，SubConn 公司的圆形系列水密电连接器的储存温度为-40～60℃；德国 GISMA 公司的 80 系列水下插拔电连接器的储存温度为-18～50℃。

3)耐湿性能

湿气侵入水密电连接器，会影响水密电连接器的绝缘性能并使水密电连接器的金属零部件产生锈蚀。

4)耐盐雾性能

水密电连接器在含有湿气及盐雾的环境中工作时，其金属零部件及接触件表面处理层有可能产生电化学腐蚀，进而影响水密电连接器的力学及电气性能。为了评价水密电连接器耐受上述环境的能力，水密电连接器应进行盐雾试验。

5)耐振动和冲击性能

水密电连接器耐振动和冲击性能是检验水密电连接器机械结构的坚固性、稳定性及接触件接触可靠性的重要指标。水密电连接器应对使用及运输过程中产生的振动及冲击具有良好的耐受力。

6)耐水压性能参数

显而易见，水密电连接器是在水下工作的，且要承受相应的环境水压力作用。水密电连接器的这种工作环境，一方面要求其具有足够的强度来抵抗与工作水深对应的水压力作用，另一方面要求其具有可靠的水密性能，保证其在水下长期、安全、可靠地工作。因此，水密电连接器的耐水压等级是一项衡量水密电连接器性能的重要参数，也是环境性能参数之一。通常水密电连接器的耐水压性能包括耐静水压力及耐循环水压力两种。水密电连接器的静水压力检测试验主要检验的是水密电连接器在静止水压力载荷作用下的结构强度及密封性。水密电连接器的循环水压力检测试验主要检验的是水密电连接器在循环水压力载荷作用下的结构强度及密封性。有些情况下，水密电连接器的静水压力检测试验合格，但循环水压力检测试验会出问题，如密封性会不合格。因此，水密电连接器的上述两种耐水压力检测试验均应进行。

6.2 水密电连接器质量与性能检测试验

6.1 节对水密电连接器的参数体系进行了简要介绍,对水密电连接器常用的力学性能参数、电气性能参数、环境性能参数进行了简要的解释与说明。这些性能参数对水密电连接器的选型及应用具有重要指导意义。它们可以通过对应的检测试验获得,并由此判定水密电连接器质量和可靠性是否合格,是否满足水密电连接器设计和使用要求。

水密电连接器性能检测试验是一个完整的体系,并在相关标准中均有详细的规定及要求。但是由于我国水密电连接器的研究、生产及检测起步较晚,相关技术的发展并不充分与成熟,水密电连接器生产规模十分有限,故相应的标准体系并不健全。下面主要对水密电连接器的外观质量、互换性、机械使用寿命、常用电气性能参数及耐水压力检测试验加以说明。针对某一具体水密电连接器,其性能检测试验请参阅相关产品技术规范及标准,在这里不作具体叙述。

1. 外观质量检验

水密电连接器外观质量检验是产品质量一致性检验时的必检项目,包括主要零部件外观质量检验及成品外观质量检验两部分,主要零部件包括水密电连接器的金属壳体、绝缘体、接触件及橡胶件等。

水密电连接器生产过程中,经常应用的加工工艺包括金属件机械加工工艺、表面处理工艺、橡胶硫化工艺、注塑成型工艺及环氧树脂灌封工艺等。

水密电连接器对水密插头或水密插座金属壳体的外观质量有很高要求,其结构尺寸、形位公差及表面粗糙度等必须严格符合设计图纸要求,以确保水密电连接器安装、插合及水密性等功能的可靠实现。具体来讲,水密电连接器的插头或插座壳体的密封表面应无明显的划伤、擦伤、压痕及腐蚀等缺陷。即使是非密封面的可视划痕等,在同一件壳体上通常也不得多于 5 处。

水密电连接器绝缘体的作用是保持接触件按排布型谱及要求的位置精度排列在正确的位置,并使得接触件之间及接触件与金属壳体之间相互绝缘。其外观质量检验中,常见缺陷包括尺寸超差、表面微小裂纹、缩痕及凹坑等。

水密电连接器橡胶件外观应无裂纹、气孔、起皮、飞边及明显凹陷等缺陷。同样,水密电缆表面应无明显开裂、凹陷及划痕等。

对水密电连接器成品而言,其接触件表面(插孔内表面和插针外表面)应清洁、无硫化橡胶及其他沾污残留。接触件焊杯的方向尽量朝外,以便于焊接工序的开展。另外，水密电连接器的插座、插头标识应正确、清晰和牢固。

水密电连接器外观质量检测方法通常采用目测，应在天然散射光线或无反射光的白色透射光线下进行，且光照度不低于 300lx。必要时可采用样件比对的方法。

与其他产品不同，水密电连接器的外观质量，尤其是密封结构表面外观质量，对水密电连接器能否长期、安全、可靠地工作，影响更为重大。如果水密性丧失，不仅水密电连接器自身不能正常工作，而且常常会关联到所连接的系统电路，甚至导致系统无法正常工作。因此，水密电连接器的外观质量是水密电连接器质量检测的重要组成部分，不可掉以轻心，必须给予足够重视，并依规严格执行。

2. 互换性检测试验

水密电连接器的互换性含义在 6.1 节已经提及。水密电连接器在应用过程中并不总是成对损坏的，而更常见的是水密电连接器的插座或插头单独损坏。水密电连接器良好的互换性能够保证同种型号、同一规格的水密电连接器的插头或插座在更换后仍能与原插座或插头良好插合并可靠工作。

通常水密电连接器互换性检验是利用人工方法进行的。主要检验内容包括插头和插座的插合（如螺纹连接）及接触件的插合。将检验合格的插头或插座作为检验工装件，将同种型号配对使用的插座或插头与检验工装件逐一配对插合；同时利用万用表对所有接触件逐一进行通断检测。只有经检验合格的水密电连接器，才能确定其满足互换性要求。

由于国外水密电连接器的生产已经标准化、系列化、专业化和规模化，相关行业及市场发展已经成熟，进口的水密电连接器具有较好的互换性。而国内水密电连接器的生产起步晚、规模较小，尚处于发展和有待完善阶段，因此国内生产的水密电连接器，其互换性不符合要求的情况虽然极少，但在使用过程中也偶有发生。因此，虽然水密电连接器互换性检验的人工方法比较烦琐，但却是不可或缺的。

为了保证和提高水密电连接器的互换性，可在水密电连接器零部件生产阶段加强相关检验。对于常用的插头和插座螺纹连接方式，可采用螺纹环规和塞规对螺纹进行检验。只要螺纹环规和塞规本身不超差并是检定合格的，则检验后的水密电连接器插头和插座连接的互换性就基本上能够得到保证。

3. 机械使用寿命检测试验

水密电连接器的机械使用寿命通常用连接器的插拔次数来表示。水密电连接器的插拔次数采用抽样的方法进行检测，通常要求不小于 500 次。

水密电连接器插拔次数检测试验通常采用人工方法进行。图 6.3 为人工进行水密电连接器插拔次数检测试验。对完成 500 次插拔试验的水密电连接器样件，还需进行水密电连接器插拔力、绝缘性能、接触电阻及接触件通断检测。只有上述各项技术指标符合技术规范或标准要求，方可判定水密电连接器机械使用寿命合格。最后，根据所有抽样样件检测试验结果，判定该检验批水密电连接器是否合格。

图 6.3　水密电连接器插拔次数检测试验

4. 绝缘电阻检测试验

利用绝缘电阻表（如 ZC-7 兆欧表）进行水密电连接器绝缘电阻的检测，即测量水密电连接器任意两个接触件之间的绝缘电阻，以及测量水密电连接器任意一个接触件与金属壳体之间的绝缘电阻。通常，上述两项测试结果的最小值应满足绝缘电阻≥200MΩ 的要求。

在进行水密电连接器水密插头绝缘电阻检测时，要避免发生"漏检"现象。即水密插头内橡胶体硫化后，用兆欧表检测接触件间及接触件与插头壳体间的绝缘电阻均大于 200MΩ，但装配锁紧螺母并完成焊接或完成环氧树脂灌封，甚至完成水密插头外橡胶体硫化工艺后，再进行上述绝缘检测时，有时会出现个别芯线对壳体绝缘电阻为零，即导通现象，这就是"漏检"现象。究其原因，是进行接触件与插头壳体之间绝缘电阻检测时，一只表笔不是搭在壳体上，而是搭在了锁紧螺母上，而当锁紧螺母与插座完全插合后，锁紧螺母可能处于悬空状态，即锁紧螺母与插头壳体无接触，这时即使接触件与插头壳体导通也检测不出，而造成绝缘检测合格的"漏检"现象。因此，用兆欧表对水密插头进行绝缘检测时，一定要将一只绝缘表笔搭在插头壳体上，另一只绝缘表笔搭在接触件（芯线）上，避免出现绝缘电阻"漏检"现象。

5. 接触电阻检测试验

利用微欧仪进行水密电连接器接触电阻的检测，图 6.4 为微欧仪。首先，将带尾线的水密插座与带尾缆的水密插头插合在一起；其次，用微欧仪测量该组合线缆所对应的每一对接触件的电阻，该值即该对接触件的接触电阻。选取水密电连接器所有接触对中接触电阻的最大值，作为该水密电连接器的接触电阻。

通常一根水密电缆的两端是型号和规格都相同的水密插头。此时进行水密电连接器接触电阻检测时，需首先将水密电缆和两只带尾线的水密插座插合在一起；其次用微欧仪测试该组合件每芯线缆的电阻；再次用微欧仪分别测试与水密电缆长度相同的同规格电缆的电阻；最后用组合件线缆的电阻减去相应水密电缆的电阻，所得差的 1/2 就是该水密电连接器接触件的接触电阻。上述接触件接触电阻的最大值即该水密电连接器的接触电阻。

6. 绝缘介质耐电压检测试验

利用耐压测试仪进行水密电连接器绝缘介质耐电压检测，图 6.5 为耐压测试仪。检测时，将水密电连接器的任意两个相邻接触件(如果接触件间距不同，选取间距最小的两个接触件)的焊线端接入耐压测试仪，按规定的测试电压及测试时间进行检测。以额定工作电压为 440VDC 的水密电连接器为例，其测试电压为1500VDC，测试时间为 1min。检测试验结果漏电流≤5mA，且无击穿或电弧现象，视为检测试验结果合格。水密电连接器接触件与金属壳体间的绝缘介质耐电压检测试验方法同上。

值得注意的是，由于过电位，即使在测试电压低于击穿电压时，也可能有损于水密电连接器的绝缘或降低其安全系数，所以应当慎重地进行绝缘介质耐电压检测试验。在例行试验中，如果需要连续施加试验电压，最好在进行后续的试验时降低电位[1]。

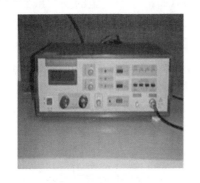

图 6.4 微欧仪

图 6.5 耐压测试仪

7. 耐水压力检测试验

水密电连接器的耐水压力检测试验是一项重要的性能检测试验。

实际上，水密电连接器耐水压力检测试验包含两项内容：一是单一的静水压力检测试验；二是循环水压力检测试验。后者主要考虑应用于在一定深度范围内变幅运动的水下机器人上的水密电连接器及水下机器人下潜和上浮过程中受深度变化影响的水密电连接器。例如，水下滑翔机在海中进行大范围、周期性勘测运动过程中，其深度变化可达 1000m，其上安装的水密电连接器因此承受周期性交变海水压力载荷作用，必须在水下滑翔机下水之前对其进行循环水压力检测试验，以验证其是否能够承受水下滑翔机的工作环境及工作状态。

图 6.6 为水密电连接器在进行静水压力检测试验时，水密电连接器在试验工装试验罐上安装的情形。

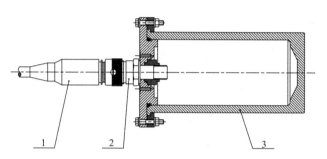

图 6.6　静水压力检测试验工装示意图

1-插头；2-插座；3-试验罐

水密电连接器进行静水压力检测试验前，其绝缘电阻及通断检测应合格并按图 6.6 所示安装在试验罐上。静水压力检测试验时，将安装好的水密电连接器连同试验罐一起，放入水压模拟试验装置内。然后将水压模拟试验装置的水压由 0 缓慢升至水密电连接器工作水深对应的静水压力(通常考虑一定的安全系数)，并保压一定时间后，再将压力缓慢降至 0。试验结束后，将水密电连接器从水压模拟试验装置中取出并在正常大气条件下恢复至稳定状态。此时，再次对水密电连接器的绝缘电阻及通断状态进行检测，以确定静水压力试验结果是否合格。图 6.7 为 15MPa 水压模拟试验装置；图 6.8 为水密电连接器静水压力检测试验。

图 6.7　15MPa 水压模拟试验装置

图 6.8　水密电连接器静水压力检测试验

水密电连接器的静水压力检测试验的压力由其工作水深对应的水压乘以

安全系数得到。例如，水密电连接器的工作水深为 1000m，其静水压力是 10MPa ×
1.25=12.5MPa。

图 6.9 为水密电连接器在进行循环水压力检测试验时，水密电连接器在试验
工装试验罐上安装的情形。

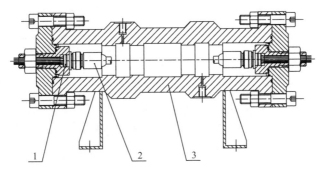

图 6.9　循环水压力检测试验工装示意图
1-插座；2-插头；3-试验罐

水密电连接器进行循环水压力检测试验前，其绝缘电阻及通断检测应合格并
按图 6.9 所示安装在试验罐上，由循环水压模拟试验装置提供循环水压试验环境。
水压由 0 升至最高循环水压力，保持一定时间后再降至 0，称为一次加压循环。
通常水密电连接器循环水压力检测试验的压力循环次数为 25 次。试验过程中，在
每次压力循环结束后，对水密电连接器的绝缘电阻进行测试，以确定循环水压力
检测试验是否合格。图 6.10 为循环水压模拟试验装置；图 6.11 为水密电连接器循
环水压力检测试验。

图 6.10　循环水压模拟试验装置　　　图 6.11　水密电连接器循环水压力检测试验

如上所述，在水密电连接器进行耐水压力检测试验前后，均应对水密电连接
器的电气性能参数(绝缘电阻、接触电阻及绝缘介质耐电压)进行检测。实际上，
水密电连接器在每一个压力的保压状态下，也应对水密电连接器的电气性能参数
进行在线检测。图 6.12 为水密电连接器电气性能在线检测试验过程中，水密电连
接器电气性能在线检测示意图。

水密电连接器耐水压力检测试验是水密电连接器出厂质量检验的必检项目，未通过该项试验的水密电连接器将判定为不合格产品而不得实际使用。

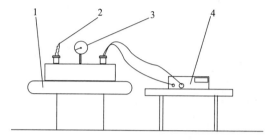

图 6.12　水密电连接器电气性能在线检测试验示意图

1-压力试验装置；2-水密缆；3-压力表；4-电性能测试仪

本章对水密电连接器的主要性能及相应的检测试验方法进行了简要讨论。现行的许多检测方法还比较传统，检测效率也有待进一步提高。随着电子信息技术的迅猛发展，新一代的多功能自动检测仪器正在逐步替代原有的单参数测试仪，这些新型测试仪器的应用，必将大大提高水密电连接器性能的检测速度、效率和准确性。

目前，已有国外公司推出了许多专用于检验电连接器和线束电性能的新型仪器，如日本耐可公司 EE30 导通仪、NM-10A 瞬断仪和 NM-30X 多功能自动检测仪等。这些新型仪器内部采用自动逻辑切换及记忆电路，具有以下特点。

(1)快速、准确，一次插合即可完成导通、绝缘、耐压和瞬断等电气性能自动检测。改变了过去采用单参数测试仪(如耐压测试仪、绝缘电阻测试仪和接触电阻测试仪等)，需多次插拔变换仪器和测试工装的传统操作方法。

(2)仪器能在测试前自检，判断仪器是否正常。

(3)能将被检连接器或线束与记忆的内存信息比较，判断是否合格。

(4)能自动将检验结果打印输出，以便查询记录。

(5)许多仪器都备有液晶显示屏，备有红、绿指示灯和语音提示[1]。

这类仪器非常适用于电连接器的在线性能检测。尽管目前这类仪器价格比较昂贵，仪器检测的技术参数范围有些尚不能满足要求，但其出现标志着今后此类仪器应用及发展的动向，它们也必将在水密电连接器的生产和检测中获得更为广泛的应用。

参 考 文 献

[1] 杨奋为. 连接器常规电性能检验技术研究[J]. 机电元件, 2001, 21(2): 30-37.

7

水密电连接器的使用与维护

橡胶体系列及金属壳系列水密电连接器是使用量较大、应用较为广泛的水密电连接器。它们的结构比较简单，使用与维护也并不复杂。即便如此，水密电连接器的使用与维护有其自身的特点，了解并掌握这些特点，对更好地发挥水密电连接器的性能、提升水密电连接器的可靠性及其机械使用寿命具有重要意义。另外，了解水密电连接器系列附件的功能、使用场合及方法，有时会起到事半功倍的效果，并能够为设计及应用提供很大的帮助。

7.1　水密电连接器堵头

水密电连接器堵头，俗称"傻帽"，是水密电连接器附件之一。水密电连接器生产商或销售商在生产或销售水密电连接器的同时，均提供相应的水密电连接器堵头作为备选件。水密电连接器堵头不是水密电连接器的必备件，只有当采购者在采购水密电连接器时提出要求，供应商才会提供给用户。虽然水密电连接器堵头不是水密电连接器的必备件，但在水密电连接器的使用过程中，以及在设备的安装调试及水下试验(水池试验、湖上试验或海上试验)过程中，如果能够合理地运用它们，将会给安装调试工作提供极大的便利和帮助。有时，水密电连接器堵头是不可或缺的。

水密电连接器堵头一般有两种型式：一种不具备水密功能；另一种具备水密功能。

不具备水密功能的水密电连接器堵头，可以是金属材料制作的，如不锈钢、铝合金等，也可以是非金属材料制作的，如聚甲醛、ABS 等工程塑料。它们在水密电连接器的包装、储存及运输过程中对水密电连接器(主要对水密电连接器裸露的接触件)起保护作用，防止水密电连接器由于碰撞等受到损伤。当然它们也能起到防尘、防水溅等作用。如 3.1.3 节提到的 SEACON 小型系列水密电连接器的非水密堵头，如图 3.15 所示。通常，该类非水密堵头在设备安装调试及检修时也会用到。例如，敞口状态的插座或插头，如果较长一段时间内不用，就可以安装非水密堵头，起到安全防护的作用。

注意：非水密堵头不得与设备(如潜水器等)一同潜水。

顾名思义，水密电连接器的水密堵头具备密封功能，可以与潜水器等一同下水试验，甚至水下作业。例如，水下机器人上的电子舱通常会预留一个或几个水密电连接器接口作为备用或后续扩展使用，平时可用水密堵头封堵好，不会影响电子舱的正常使用。

水密堵头因有一定的强度要求，故通常由不锈钢、铝合金等金属材料加工而成。水密电连接器的种类和规格不同，对应的水密堵头也有多种型式。3.1.3 节提到的 SEACON 小型系列水密电连接器的水密堵头只是其中的一种，如图 3.14 所示。

3.2.3 节介绍了美国 SubConn 公司的湿插拔水密电连接器，其中之一是圆形系列水密电连接器。图 7.1 和图 7.2 分别是该系列 12 芯水密电连接器的两种型式的水密堵头。图 7.1 为针型水密堵头；图 7.2 为孔型水密堵头。在实际应用中，针型水密堵头与孔型水密插头或插座配对使用；孔型水密堵头与针型水密插头或插座配对使用。

图 7.1　针型水密堵头　　　　　　　　图 7.2　孔型水密堵头

上述橡胶体系列水密电连接器的水密堵头在结构上与相应的水密电连接器基本相同，所不同的是水密堵头无须连接尾缆。其中孔型水密堵头在其硫化橡胶体内可以预理也可以不预埋插孔。

7.2　水密电连接器常见故障分析及解决方法

水密电连接器是水下机器人及其他海洋技术装备广泛使用的水下单元部件。同其他产品一样，无论是进口还是国内生产的水密电连接器，在其使用过程中都会由各种原因导致不同种类的故障。其中，有些故障是可修复的，而有些故障则是无法修复的。对于那些无法修复故障的水密电连接器，要坚决舍弃并报废，绝不可心存侥幸而继续使用，否则可能造成的系统性损坏及故障带来的二次伤害将是巨大的，有时甚至会造成无法估量的损失。

　　水密电连接器最常见，也是最严重的故障现象主要有两类：一类是水密电连接器由各种原因造成的密封失效；另一类是水密电连接器接触件不能连通，或时通时断。下面简要分析水密电连接器上述两类故障现象产生的原因、相应的解决方法及必要的预防措施。

　　1. 水密性失效分析及解决方法

　　水密电连接器水密性丧失，即对水不密封，将导致水密电连接器无法在水下正常工作。产生这种故障可能的原因主要有以下几方面。

　　(1) 水密电连接器的密封元件(通常为 O 形橡胶密封圈)自身损坏。常见损坏形式如较深划痕或微小裂口等，致使无法密封。解决方法是更换同规格新 O 形橡胶密封圈。

　　(2) 水密电连接器的密封元件(通常为 O 形橡胶密封圈)自身虽未损坏，但由于橡胶材料本身老化，造成弹性降低或丧失；或由于使用时间过长、局部过度挤压，产生局部永久压缩变形，致使无法密封。解决方法是更换同规格新 O 形橡胶密封圈。

　　(3) 水密电连接器插头或插座壳体上的密封沟槽及密封表面明显划伤，尤其是较深的径向划痕，致使无法密封且常常无法修复。解决方法是更换同规格新插头或插座。

　　(4) 水密电连接器插头或插座壳体上的密封沟槽及密封表面或 O 形橡胶密封圈表面有固体状微小颗粒，致使无法密封。解决方法是用棉签和无水酒精对这些表面进行彻底清洗。

　　(5) 水密插座安装处的配合密封表面加工超差、粗糙度不符合要求或无倒角等，致使 O 形橡胶密封圈在装配过程中发生"啃圈"现象且未被察觉(有时根本无法察觉)，致使无法密封。解决方法是按照相关标准，检查密封结构及配合的设计是否符合要求，加工质量是否满足图纸技术要求，必要时调整密封结构设计。

　　图 7.3 是水密电连接器在使用中常见的密封圈损坏形式[1]。

图 7.3　密封圈损坏形式

(6)水密电连接器硫化黏接处失效。主要表现为接触件、金属壳体与硫化橡胶黏接处开裂产生间隙，造成压力环境下渗水，致使水密电连接器密封失效。其主要原因是橡胶硫化工艺过程处理不当、硫化过程胶黏剂应用不当、使用时未按要求涂抹硅脂致使插合或分离力过大而超出黏接强度，以及环境介质对硫化部位产生化学腐蚀等。其主要解决办法是规范水密电连接器生产过程中的橡胶硫化工艺，合理选用耐环境介质硫化橡胶和胶黏剂，插头与插座插合或分离时配合处应均匀涂抹润滑硅脂，规范操作动作，禁止不涂抹润滑硅脂便进行插合或分离操作等。

(7)水密电连接器环氧树脂灌封黏接处失效。主要表现为接触件、金属壳体与环氧树脂等灌封材料黏接处开裂、产生裂隙，造成压力环境下渗水，致使水密电连接器密封失效。其主要原因是环氧树脂灌封工艺过程处理不当，如金属件表面前处理不当、环氧树脂本身质量问题等，经温度冲击后材料收缩不一致，造成与金属黏接处开裂。另外水密电连接器承受过大振动或撞击载荷，也会造成环氧树脂与金属黏接处开裂等。其主要解决办法是规范水密电连接器生产过程中的环氧树脂灌封工艺，避免使用环境温度急剧变化，以及规范操作，避免水密电连接器受到外界过大振动、撞击等。

2. 通断失效分析及解决方法

水密电连接器接触件电路不通或时通时断称为水密电连接器通断失效。该故障现象可能发生于分离状态下的水密插头或水密插座，也可能发生于插合后的水密电连接器。产生这种故障的可能原因主要有以下几方面。

(1)水密电连接器在橡胶硫化过程中有微量硫化橡胶残留在插孔或插针表面，致使水密电连接器插合后电路不通，或在外部施力情况下，表现为时通时断。解决方法是及时发现、及时清理残留在水密电连接器接触件上的硫化橡胶。

(2)水密电连接器在生产或使用过程中电缆导线被拉断，致使水密电连接器插合后电路不通，或在外部施力情况下，表现为时通时断。解决方法是更换同型号同规格新水密电连接器。

(3)水密电连接器电缆或导线与接触件焊接有缺陷，如虚焊等，导致水密电连接器在安装或使用过程中焊点开焊，致使水密电连接器插合后电路不通，或在外部施力情况下，表现为时通时断。解决方法是更换同型号同规格新水密电连接器。

(4)水密电连接器插孔回弹力减小或完全丧失，即接触件间的插拔力减小或无，致使水密电连接器插合后插针与插孔无接触或接触不良。该故障除个别插孔生产过程中收口不足形成的不合格品外，大多由生产工艺参数设置不当或插拔次数超过机械使用寿命导致插孔疲劳失效。解决方法是更换同型号同规格新水密电连接器。

7.3 水密电连接器使用与维护方法

水密电连接器作为水下机器人及其他海洋技术装备不可或缺的关键元器件，肩负重要的使命任务。因此无论是在其设计选型、安装调试的过程中，还是使用与维护的过程中，都应予以足够的重视，不可轻视大意。

1. 插座安装方式及插头型式选择

在水密电连接器选型之初，除了要考虑水密电连接器性能指标符合使用要求，还要参考不同型式的水密电连接器在安装和使用方面所具有的不同的特点。

通常水密电连接器的水密插座有两种基本的安装方式：一种是穿壁式插座安装；另一种是法兰式插座安装。

穿壁式插座安装即在插座壳体的尾部加工螺纹，在密封舱壁上对应加工螺纹安装孔或光孔。前者可以将穿壁式插座直接连接到密封舱上；后者可以将穿壁式插座穿过光孔，通过在密封舱内侧备紧螺母的方式实现安装，如图 7.4～图 7.6 所示。

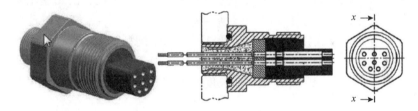

图 7.4　穿壁式插座安装

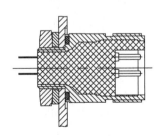

图 7.5　穿壁式插座安装(薄壁)

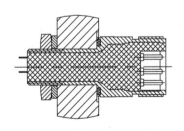

图 7.6　穿壁式插座安装(厚壁)

在图 7.4 所示的安装中，插座在密封舱壁上的安装方向不能选择。当密封舱内的接线完成后，尤其是采用焊接接线方式且在不开舱情况下，拆卸水密电连接器多有不便。在图 7.5 和图 7.6 所示的安装中，虽然插座在密封舱壁上的安装方向可控，但插座如果松动，在不开舱的情况下将无法再次紧固。

穿壁式插座在使用过程中有可能产生螺纹松动，影响水密性能。因此使用中要采取必要措施，避免此类事情发生。

法兰式插座安装即在插座壳体上加工安装法兰。当密封舱壁厚足够大时，可选用法兰式插座。法兰式插座安装具有安装牢固、插座安装方向可控、拆卸方便等特点。图 7.7 为法兰式插座及其安装示意。

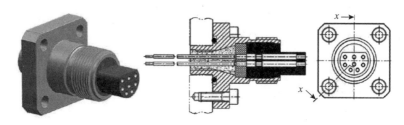

图 7.7　法兰式插座安装

上面对水密电连接器插座的主要安装方式及各自的特点进行了简要介绍。在实际应用中，应当根据具体的使用环境及性能要求和不同安装方式的特点有针对性地加以选择。

常见的水密插头的型式有直式和直角式两种，基本上能够满足使用需求。当然，如果需要，也可以选用 135°或其他角度的插头。水密插头型式的选择主要根据使用空间和水密电连接器连接的方便性而定。不同型式的水密插头的性能不受影响。需要注意的一个基本原则是水密插头的电缆应尽量避免小角度弯曲和承受较大的拉紧张力。使用中要选用合适长度的水密电缆插头，以满足有一定运动范围的使用需求。

2. 插合与分离

水密电连接器的插合与分离的过程看似很简单，但其中还是有一些技巧和需要注意的地方，若操作不当，很有可能对水密电连接器造成损伤或破坏，使水密电连接器性能得不到充分发挥，甚至无法使用。对没有水密电连接器使用经验或经验不足的工程技术人员来讲，了解和掌握水密电连接器正确的安装和使用方法尤为重要。

水密插座在安装过程中需要注意以下几个方面。

(1)无论是法兰式水密插座，还是穿壁式水密插座，在安装前均需认真检查和清洁插座安装的密封表面，检查表面粗糙度是否符合要求，是否有不允许存在的划痕。

(2)彻底清洁后的密封表面，包括密封沟槽，应均匀涂抹一层硅脂，硅脂用量不宜过多,可利用棉签等作为涂抹工具进行操作。所用硅脂本身应清洁、无杂质、无污物等。硅脂用后应及时封盖,以备下次使用。

(3)对新使用的 O 形橡胶密封圈,安装前应仔细观察及检验,确定其表面圆滑规整,无毛刺、微小裂纹等缺陷。使用前 O 形橡胶密封圈表面也应薄薄地均匀涂抹一层硅脂。

(4)无论是针型水密插座,还是孔型水密插座,其金属接触件表面均不应涂抹硅脂。

(5)对已使用过的 O 形橡胶密封圈,尤其是经过较长时间使用的 O 形橡胶密封圈,计划重复使用时,应认真检查 O 形橡胶密封圈是否有老化和残余压缩变形。如果有上述现象则不能继续使用而应立即报废,并更换新的 O 形橡胶密封圈。

(6)应尽量选择与密封舱相同材质的水密电连接器,以防止插座壳体与密封舱间发生电化学腐蚀。

(7)对于法兰式水密插座,如果密封舱的材料与所用固定螺钉材料均为不锈钢,则在紧固前,不锈钢螺钉应采取表面涂抹防咬死油膏等措施,以利于今后的拆卸。

(8)对于穿壁式水密插座,安装过程中除应采取防咬死措施外,还应参照给定的旋紧力矩旋紧插座。插座的旋紧力矩应适度,不宜过大。对非金属材质的水密插座则应格外注意,以防过大的旋紧力矩造成插座壳体的开裂等损伤。

(9)对于舱内备紧螺母安装的穿壁式水密插座,备紧后的螺母应有防松措施,至少应使用弹簧垫圈;否则水密插座一旦松动,在不开舱的情况下将无法重新紧固。

(10)对安装好的水密插座而言,当长时间不用时,应及时安装防护堵头,以防止插座接触件因碰撞等造成损坏,或因水的飞溅造成短路等故障。同时防护堵头还能起到防尘、防潮的作用。

水密电连接器在插合过程中需注意以下几个方面。

(1)对于 SEACON 55 和 66 系列水密电连接器,水密插头的锁紧螺母与水密插座连接时应有适当的旋紧力矩,使密封橡胶表面产生适当的弹性变形,以保证水密电连接器入水后的密封性能。该旋紧力矩不宜过大,且应注意防咬死。该旋紧力矩也不宜过小,否则密封橡胶表面没有足够的弹性变形,无法保证插合后水密电连接器在工作水深下的密封性能。

(2)对于绝缘体装配式干插拔水密电连接器,如 SEACON 小型、微小型系列水密电连接器及 SEACON 金属壳系列水密电连接器,如果有端面密封,则水密插头的锁紧螺母与水密插座连接时,锁紧螺母的旋紧力矩要求如(1);如果无端面密封,则锁紧螺母与插座锁紧即可。

(3)对于橡胶体湿插拔水密电连接器,水密插头与插座插合过程中,插孔内可能会密闭部分空气或水分,由此会增加插合力。因此一方面要在硫化橡胶表面涂抹硅脂，另一方面要注意排泄插孔内的空气与水分，保证水密电连接器插合到位并将连帽连接到位。注意：插合力应严格保持沿轴向施加，不得施加扭矩。

（4）对于橡胶体湿插拔水密电连接器，当在水上插合时，应在孔型插头或插座的孔内涂抹约 1/10 孔深量的硅脂，在水密电连接器的表面均匀涂抹一薄层硅脂。在水密插头与水密插座完全插合后，将它们重新分离，检查每芯插针根部圆柱状硫化橡胶体的外表面是否充分涂抹了硅脂，合格后再次插合即可，如图 7.8 所示。

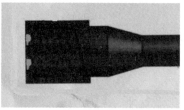

图 7.8　水密电连接器在水上插合前涂抹硅脂

（5）对于橡胶体湿插拔水密电连接器，当在水下插合时，应在孔型插头或插座的孔内涂抹约 1/3 孔深量的硅脂，在水密电连接器的表面均匀涂抹一薄层硅脂。在水密插头与插座完全插合后，将多余的硅脂去除即可，如图 7.9 所示。

图 7.9　水密电连接器在水下插合前涂抹硅脂

水密电连接器在分离过程中需注意以下几个方面。

（1）通过锁紧螺母连接的水密电连接器，如 SEACON 55 和 66 系列水密电连接器等，当旋松锁紧螺母时，产生的轴向力通过锁紧螺母后部的弹性挡圈传递给水密插头，使水密插头与水密插座实现分离。

（2）当水密电连接器长期在水下使用后，锈蚀、盐碱沉积等有可能导致水密插头与水密插座的分离困难，而需要更大的扭矩才能旋松锁紧螺母。此时，应用扳手将穿壁式水密插座固定住，再旋松水密插头上的锁紧螺母，以防止水密插座松动。

（3）对于 SEACON 或 SubConn 湿插拔水密电连接器或 SEACON 橡胶模压成型系列干插拔水密电连接器，水密插头与水密插座分离时，手应抓住水密插头和水密插座的头部，而不应抓住水密电缆，即不应通过水密电缆施加分离力，达到分离水密电连接器的目的, 如图 7.10 所示。

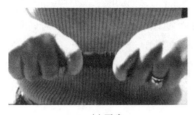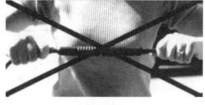

(a) 正确   (b) 错误

图 7.10　水密插头与水密插座的正确与错误分离方法

(4) 分离后的水密电连接器应及时对水密插头和水密插座进行清理, 必要时安装各自的防护堵头。

3. 使用注意事项

对已经安装到水下机器人等水下装备上的水密电连接器, 在设备安装调试及使用过程中同样有许多相关事项值得关注。

(1) 水下机器人在进行整体模拟水压检测试验或作业后返回地面(母船甲板)时, 水密电连接器的锁紧螺母可能出现些许松动现象, 试验压力或工作水深越大, 此现象越明显。这种现象主要由水密电连接器的硫化橡胶体发生弹性变形及部分永久压缩变形导致。因此, 水下机器人再次下潜作业前, 应检查水密电连接器的锁紧螺母并重新旋紧, 以保证其水密性。

(2) 处于存放状态的水下机器人及其他水下装备所用水密电连接器也以处于插合状态为宜。此时的水密插头与水密插座不必过于旋紧, 即不要使水密插头与水密插座接触部分的硫化橡胶表面处于压紧应力状态, 防止硫化橡胶体产生永久压缩变形, 影响后续使用过程中的水密性。

(3) 水下机器人及其他水下装备完成水下作业并回收后, 当需要检测水密电连接器的电气性能或检查是否漏水时, 在旋松锁紧螺母前, 应使用吸油纸小心将锁紧螺母表面的水滴擦拭干净, 防止水滴进入接触件内, 影响检测或检查的准确性。

(4) 执行水密电连接器安装及分离操作的人员应是具备相关经验或经过基本的技术培训的技术人员, 了解水密电连接器工作原理及使用注意事项, 这样可大大提高水密电连接器在使用过程中的安全性及可靠性, 减少因水密电连接器使用不当造成的系统故障。

4. 维护与保养

水密电连接器既是关键的单元部件又是易损件, 因此做好其维护与保养工作, 不仅能更好地保证其性能指标的发挥, 而且能更好地保证其机械使用寿命。下面是水密电连接器在维护与保养过程中应注意的几个方面。

(1)水密电连接器应密封存放于阴凉、清洁、干燥处。

(2)当设备上安装的水密电连接器长时间随设备存放而未使用时,应定期(如每3个月)进行维护与保养。具体做法是:将水密电连接器分离,对水密插头、水密插座及O形橡胶密封圈进行彻底的清洁处理,然后重新涂抹硅脂并安装。如果发现O形橡胶密封圈有老化或永久压缩变形等现象,应及时更换新的O形橡胶密封圈。

(3)拆卸水密电连接器的O形橡胶密封圈时,应严禁用坚硬或尖锐的工具从密封槽内将O形橡胶密封圈取出,而应用头部圆钝的非金属工具轻轻进行操作,以防损伤O形橡胶密封圈及密封槽表面。对径向密封形式,还可用手指挤压法将O形橡胶密封圈从密封槽中取出。

(4)水下机器人等水下装备在水下完成作业任务后,回到工作母船甲板或码头时,应及时用清洁淡水对设备进行清洗,尤其要对水密电连接器等进行彻底清洗,以防止橡胶材料的加速老化及盐碱在水密电连接器连接处的沉积。

(5)水密电连接器大量使用橡胶等非金属材料,当使用或存放时间超过橡胶老化年限时,即使是未使用过的新水密电连接器也应替换掉。

本章重点对水密电连接器使用过程中可能出现的问题进行了分析,并给出了解决问题的方法。对水密电连接器安装、使用、维护及保养等环节应注意的事项进行了较详细的陈述。其中涉及许多精心细致的工作方面,值得使用者重视并践行。只有一丝不苟地对待水密电连接器安装、使用、维护及保养的各个环节,才能保障设备功能安全、可靠地实现。

参 考 文 献

[1] 曹政, 刘向明. 水密电连接器水密失效分析与思考[J]. 机电元件, 2013(6): 21-24.

8

水密连接器发展

　　随着世界范围内的海洋探索与开发向更深、更广、更智能的方向发展，对水密连接器的要求也越来越高，水密连接器的应用也更加复杂、多样与广泛。尤其是大水深、大芯数、高密度、小尺寸、重量轻、混合型水密连接器及水下插拔连接器，以及大功率水下电源接续用水密连接器，成为技术含量高、材料性能要求高、生产工艺要求高的高端水密连接器。

8.1　国外水密连接器发展

　　国外在水密连接器相关的新技术、新材料、新工艺及装备等方面具有很大优势并占据领先地位。国外的水密连接器产品系列、种类、规格众多，几乎涵盖了所有海洋技术领域以及全海深的应用。但这并不意味着水密连接器相关技术及产品已经发展得尽善尽美，没有进一步发展空间。事实上，在水密同轴和电混合型连接器及水密光纤连接器方面，其技术成熟度及性能的稳定性、可靠性都还有进一步提高的空间，有些瓶颈问题尚未完全解决；同时在工作水深方面也存在一定的局限性。

　　在水密光纤连接器领域，国外 7000m 以内的水密光纤连接器应用较为成熟，也得到了较为广泛的应用；但 11000m 级全海深水密光纤连接器产品的成熟度不高，性能还不够稳定，尤其是多芯水密光纤连接器，主要表现在超高水压环境下，信号衰减较大。另外，全海深水密光纤连接器实际使用需求及应用范围都十分有限，这种局限性某种程度上也限制了相关产品的开发和完善。

　　在水密电连接器领域，国外产品已达到几近完善的程度。无论是水密电连接器产品系列及规格型号，还是水密电连接器质量及性能，都已经非常丰富和可靠。在海洋科学研究与探索、海洋石油及天然气钻探与生产、水下工程设备、水下传输及监控网络、水下机器人(ROV、AUV、载人潜水器等)及国防军事等诸多领域，都具有十分广泛的应用，且覆盖全海深。

8.2　国内水密连接器发展

国内水密连接器开发始于 20 世纪 80 年代，最早进入该领域的有中国科学院沈阳自动化研究所、中国电子科技集团公司第二十三研究所等单位。经过国家科技支撑计划多年支持及多方不懈努力攻关，目前国内已经基本掌握了与水密连接器研制及生产相关的设计、材料、工艺、检测、应用及维护等方面的技术。但总体上看，国内生产的水密连接器尚属基本应用型，水密连接器的系列、种类及规格都十分有限。目前实现产品化批量生产的水密连接器主要有橡胶体及金属壳两个系列，种类达到数十种，包括水密电连接器(含水密同轴和电混合型连接器)和水密光纤连接器。水密连接器的生产厂家及规模有限，基本处于小批量生产阶段。

从工作水深来看，国内生产的水密电连接器的工作水深已经达到了 7000m；另外，国内生产的水密连接器的质量稳定性及性能可靠性与国外同类产品的差距正在逐步缩小，某些产品甚至已经达到了国外同类产品水平。但目前国内尚无 11000m 全海深水密连接器，尚不能覆盖全海深应用。图 8.1 为我国在研的全海深载人潜水器 3D 模型图；图 8.2 为我国在研的全海深无人潜水器 3D 模型图。我国处于研制阶段的全海深载人潜水器及全海深无人潜水器所用水密连接器目前只能全部选用国外产品。而采购国外水密连接器的费用很高，在潜水器总经费中占比较大。不仅如此，国外水密连接器的采购周期较长，一般通过国内代理商购买，时间具有不确定性。因此，国内研制全海深水密连接器已经势在必行。可喜的是，通过国家重点研发计划"深海关键技术与装备"重点专项有关项目的部署，已经开始布局和支持全海深水密连接器的研发及产品化生产，破解关键元器件瓶颈问题，以提高国内生产和配套能力。

图 8.1　全海深载人潜水器(3D 模型)　　图 8.2　全海深无人潜水器(3D 模型)

我国"十二五"期间已经成功研制了橡胶体及金属壳两个系列的7000m工作水深水密连接器，在此基础上已经基本具备了研制全海深水密连接器的能力和条件，但研制和批量生产全海深水密连接器仍然是一个不小的挑战。

研制全海深水密连接器，必须首先解决的几个关键技术问题包括：

(1)全海深水密连接器用关键材料的研制；

(2)全海深水密连接器用关键工艺技术；

(3)全海深水密连接器用高可靠性密封技术；

(4)全海深水密连接器适配水密缆成缆工艺技术；

(5)全海深水密连接器性能检测技术。

全海深水密连接器用关键材料包括连接器用新型配方氯丁橡胶、适配水密缆用氯丁橡胶及玻纤增强环氧树脂复合材料等。其中，氯丁橡胶材料要求具有低的永久压缩变形、高的金属间黏接强度及耐环境/耐海水老化等性能。玻纤增强环氧树脂复合材料应具有高抗压强度、高拉伸剪切强度、低成型收缩率及高金属间黏接强度等性能。上述关键材料的关键性能技术指标方面与现行材料相比，均有更高要求，否则将难以满足全海深水密连接器使用需求。

全海深水密连接器用关键工艺包括高致密橡胶硫化工艺，高致密玻纤增强环氧树脂灌封工艺，以及氯丁橡胶、玻纤增强环氧树脂与金属间高强度黏接工艺等。通过最大限度减少全海深水密连接器硫化橡胶体、环氧树脂灌封体中的微小气泡，来提高其致密度及与金属壳体间黏接强度、减小永久压缩变形量及增大抗压强度。解决途径可以是将现行在空气中进行的橡胶硫化工艺及环氧树脂灌封工艺移到真空环境下实施，如此能够在很大程度上提高水密连接器的硫化橡胶体及环氧树脂灌封体的致密度。

全海深水密连接器之所以能够在11000m水深下的超高水压环境下工作，最基本也是最重要的保障是其高可靠性密封性能。不具备高可靠性密封性能，水密连接器的其他性能就无从谈起。

对橡胶体系列全海深水密连接器而言，其高可靠性密封性能可通过深度自适应密封结构来实现。图8.3为橡胶体系列全海深水密连接器密封结构。其密封原理是：在插孔前端硫化橡胶通道的内圆柱面上，与水密插座橡胶体一体化硫化成型数道微小密封环，形成水密插座插孔侧密封结构；与水密插头橡胶体一体化硫化成型一段圆柱状硫化橡胶体，包覆在插针根部并形成水密插头插针侧密封结构。当水密插头与水密插座插合后，通过插孔前端的数道微小密封环与插针根部的圆柱状硫化橡胶体间的过盈配合，建立起每对接触件插合后的独立密封，进而可实现接插件的整体密封。由于该结构在水密接插件插合后，每道微小密封环处因过盈配合而产生预压力P_y，接插件入水后，附加承受环境水压力P_s，即入水后密封面处的接触压力为$P_j=P_y+P_s$。当水密接插件在水下工作时，随着水深的增大，作用在水密接插件上的外部压力也增大，使得接插件橡胶体压缩变形量增大，进而针、孔配合圆柱面间微小密封环的密封面接触压力也增大。$P_j > P_s$ 因不受接插件工作水深变化的影响而始终成立，故该密封结构可以满足全海深超高水压环境下的高可靠性密封要求。

图 8.3　橡胶体系列全海深水密连接器密封结构

对金属壳系列全海深水密连接器而言，其高可靠性密封性能可通过多点位、多形式、相互补偿的机械式密封技术来实现。图 8.4 为金属壳系列全海深水密连接器密封结构。

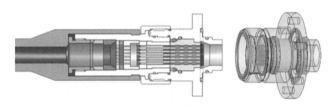

图 8.4　金属壳系列全海深水密连接器密封结构

水密缆是水密连接器的重要组成部件。现有普通水密缆在挤出过程中，绝缘护套可能产生气孔及缆芯紧密度不足等问题，无法满足超高水压环境下的使用需求。在现有成缆工艺的基础上，可通过改进并完善绝缘线芯绞合、涂胶、绕包等工艺技术，保证挤出过程有足够的挤出压力，实现水密缆填充材料对水密缆剖面的最大填充率及支撑强度，以获得最佳的抵抗永久压缩变形性能及结构稳定性，如此方可满足全海深水密连接器使用要求。

从第 6 章可以看到，水密连接器的性能检测技术对水密连接器的生产及应用是必不可少的重要内容。应对全海深水密连接器的力学性能、电气性能、环境性能的检测技术，尤其是全海深超高水压环境下（≥127MPa）的在线性能检测技术，进行广泛而深入的研究。只有掌握了上述检测技术并应用于全海深水密连接器的研制及生产，才能保证其质量的稳定性及性能的可靠性，才能保证其在严苛、恶劣的水下环境长期、安全、可靠地工作。

解决了全海深水密连接器的材料问题、工艺问题、密封问题及性能检测技术问题等，在现有 7000m 工作水深水密连接器技术基础上，全海深水密连接器的研制及产品化生产问题将得到解决。随着全海深潜水器及其他深海技术装备的开发及应用，全海深水密连接器的应用需求将逐步扩大，并将在实现国内批量生产的基础上逐步替代进口产品。

目前，我国在水密电连接器的研制及生产领域内的相关技术已比较成熟；但在水密光纤连接器、水密光电混合连接器及水下插拔连接器技术领域尚处于开发研制阶段，成熟、实用产品不多。因此，水密连接器总体上看已经迈出了坚实的步伐且取得了不小的成绩，但仍有很长的路要走，仍有许多开创性的研究工作需要踏踏实实地开展。只要我们坚持不懈，在不远的将来就一定能够达到国际先进水平，在水密连接器领域取得更加辉煌的业绩。

8.3　特种水密连接器发展

1. 水下电缆接头盒

水下电缆接头盒可集中、大量处理水下电缆的连通及接续。接头盒的结构型式多种多样，图 8.5 为穿壁式接头盒，图 8.6 为可分离式接头盒，它们是两种典型的水下电缆接头盒产品。

 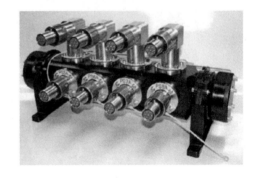

图 8.5　穿壁式接头盒(见书后彩图)　　图 8.6　可分离式接头盒(见书后彩图)

穿壁式接头盒采用内部充胶及压力补偿方式构建。通常该接头盒以固定方式长久安放在水下，电缆通过穿壁方式进入接头盒，再通过水下插拔方式与外部电缆进行连通和接续。

可分离式接头盒的盒体由乙缩醛材料加工，并采用内部充胶及压力补偿方式构建。该接头盒上安装一定数量的水下插拔连接器插座，通过水下插拔方式实现电缆在水下的连通及接续。由于电缆进出该接头盒全部采用水下插拔连接器实现，故称为可分离式接头盒，使用更加方便。

2. 中、大功率水密电连接器

从上面介绍的水密电连接器的技术参数中不难看出：常规水密电连接器可传输的电功率是有限的。其中额定工作电压为几百到几千伏；额定工作电流为几安到几十安。但是，随着海洋工程规模(尤其是在海洋石油及天然气领域、海底采矿领域等)的急剧扩大，对大功率电能的海底传输需求越来越大。因此要求水密电连接器的负载能力也相应大幅提高。图8.7及图8.8是Siemens Subsea公司生产的两种大功率水密电连接器。其电能传输能力分别达到 5kV@200A 及 8kV@220A，工作方式为水下插拔，工作水深分别达到了 1000m 和 3000m，最高工作温度可达100℃。

图 8.7　水密电连接器 5kV@200A　　　　　图 8.8　水密电连接器 8kV@220A

中、大功率水密电连接器的主要应用领域是海洋石油及天然气开采。例如，用于水下电力分配系统和为电潜泵(electrical submersible pumps, ESP)系统提供电力输送解决方案等。ESP通常用于油井加压以提升石油开采量。图8.9是Siemens Subsea 公司生产的一种穿壁式水密电连接器，其电能传输能力更是达到60kV@650A。

图 8.9　穿壁式大功率水密电连接器 60kV@650A

该大功率水密电连接器的主要使命是实现水下变压器、脐带缆之间的高压连通及海底大负荷应用场合供电，如海底天然气压缩等。

9

其他常用水下单元部件

　　水下机器人的种类有很多，按照是否载人可分为载人潜水器和无人潜水器，其中无人潜水器又可分为 ROV 和 AUV 等。无论哪种水下机器人，通常都由控制系统、观通系统及载体三部分组成。水下机器人的观通系统的作用是利用水下摄像机、水下照明灯、声呐及各种水下传感器等收集各系统工作信息及水下工作环境信息。水下摄像机、水下照明灯、水下云台及补偿器等，同水密连接器一样，都是重要的水下机器人及其他海洋技术装备广泛使用的通用单元部件。图 9.1 是水下摄像机、水下照明灯及水下云台等观通设备在中国蛟龙号载人潜水器及俄罗斯和平号载人潜水器上布置及应用概貌；图 9.2 是水下摄像机、水下照明灯及水下云台等观通设备在 ROV 上布置及应用情形。

　　　　　(a)蛟龙号　　　　　　　　　　　　　　(b)和平号

图 9.1　中国蛟龙号与俄罗斯和平号载人潜水器(见书后彩图)

图 9.2　观通设备在 ROV 上布置及应用情形(见书后彩图)

9.1 水下摄像机

在海洋资源开发与科学考察、水下工程作业、大坝水下安全检查、水下科学试验以及军事应用等领域，常常需要进行水下观察和探测。最常用的手段就是利用水下摄像机获取水下高清晰的视频。由于水下摄像机具有体积小、分辨率高、易于操作控制及可在大水深下工作等优点，并且其获取的水下视频具有直观、实时的临场感[1]，水下摄像机几乎成为水下机器人必不可少的重要单元部件之一，得到了越来越广泛的应用。

与陆地上在空气中摄像不同，在水下摄像有其特殊性。这主要是因为光会受水的吸收等因素影响，在水中传播随距离增加而大幅衰减。另外，由于水质不同，浑浊的水中微小的无机物和有机物颗粒含量高，造成水的透明度低。在浑浊的水中拍摄时，这些微小颗粒对光线的散射作用会使水下物体影像的对比度下降，拍摄的影像模糊不清。采用近距离拍摄的方法可以相对提高影像的清晰度。通常在相同的拍摄条件下，水下摄像机与被摄物体的拍摄距离越近，光在水中的传输过程受到水的散射作用就越小，拍摄的影像也就越清晰。因此，在水下摄影作业时，只要能满足拍摄要求，拍摄距离越近越好。但在采用近距离拍摄时也应注意一点，实际的最小拍摄距离不应小于摄像机镜头的最近拍摄距离，否则会由于无法聚焦而同样造成影像模糊。

在清水区，水下摄像机的可视距离一般可以达到6m。但是由于浑水区悬浮物较多，大多运动无规律，在光源的照射下摄像机会将摄像头前的悬浮物拍摄得很亮，从而很难获得较清晰的图像信息。

在浑水中进行水下拍摄时，提高拍摄影像清晰度的另一种方法是使用专用的浑水水下摄像机或浑水摄像辅助装置。这种摄像机或辅助装置是在摄像机的镜头前安装一个耐压或非耐压的摄影罩，罩内封闭空腔内的介质为空气或清水。这样就使得光线从被摄物体到镜头的传输过程中在浑水中的路径缩短，从而减小水的散射作用，提高影像的清晰度。图9.3为加装清水箱的水下摄像系统；图9.4为

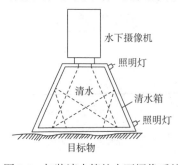

图9.3　加装清水箱的水下摄像系统

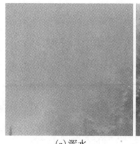

(a)浑水　　　　　(b)清水

图9.4　浑水与清水拍摄图像对比

浑水与清水环境下拍摄图像对比。但由于这种摄影罩的长度有限，只有在较近距离拍摄时才会有效[2]。

有缆水下机器人水下的图像信息是经由电缆传输至母船控制室的。最影响信息传输质量的是电缆参数及电缆长度。电缆越长，信号的衰减越大。

9.1.1　水下摄像机结构及应用

实际上，所有的水下摄像机都是将摄像机本体封装在具有足够强度的水密壳体(又称摄像机耐压壳体)内工作的。图 9.5 为常见水下摄像机基本结构，不同型号及规格的水下摄像机的结构会有所差异。

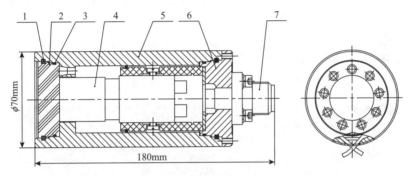

图 9.5　水下摄像机基本结构

1-固定锁带；2-视窗；3-O 形橡胶密封圈；4-摄像机本体；5-摄像机耐压壳体；6-底座；7-水密连接器

水下摄像机通常由视窗、摄像机耐压壳体、封装在壳体内的摄像机本体及水密连接器等部分组成。

摄像机耐压壳体大多由耐海水腐蚀的金属材料(如不锈钢材料、经表面处理的铝合金材料或钛合金材料)加工而成。如果需要，在壳体内可加装照明用发光二极管(light emitting diode，LED)灯。相当数量的水下摄像机视窗都是由一个简单且具有足够强度的玻璃或光学塑料(如有机玻璃)加工而成的平面视窗。虽然平面视窗会使摄像机的视场受到一定限制，而且会使拍摄的图像产生畸变和模糊。但由于其结构简单、制造成本低，在对图像质量要求不高的场合还是得到了较为广泛的应用，拍摄的图像质量基本上也是令人满意的。如果对图像质量要求高，并且要求宽视场和无畸变，则应对视窗进行校正且与摄像机配合使用。

摄像机耐压壳体的密封通常由 O 形橡胶密封圈实现。视窗和底座与摄像机耐压壳体之间的连接有多种形式。图 9.5 所示水下摄像机基本结构采用固定锁带的连接方式。该连接方式具有简单易行、拆卸方便、结构紧凑等特点，在许多水下摄像机上都得到了应用。

除了上述一些影响图像质量的因素，图像质量还取决于摄像机自身的质量。

水下摄像机的清晰度越高，所拍摄的图像质量就越好。摄像机的清晰度通常用"线"表示，分为水平线和垂直线，在实际应用中常常以水平线作为摄像机清晰度的评估指标。线数越多，则清晰度越高，成像越清晰。常用的清晰度一般为450～600线，而彩色摄像机的清晰度一般为330～480线。因此，在某些场合下，黑白摄像机在水下机器人上得到了更广泛的应用。而摄像机的分辨率越高，其成像越细腻，图像质量越高。

水下摄像机的灵敏度是反映其光电转换性能的一个指标，可用最低照度来衡量。例如，有两台摄像机，其灵敏度分别为1lx和0.1lx，在水下光线较差的环境下，后者成像表现就会好于前者。黑白摄像机通常有比彩色摄像机更高的分辨率，因此有的水下机器人选用彩色与黑白可自动转换的水下摄像机。当光线差时，水下摄像机自动由彩色转换成黑白，以达到最好的成像效果。

水下摄像机的焦距和水平视角成反比。焦距越小，视角越大，最佳观看距离越近；反之，焦距越大，视角越小，最佳观看距离越远。图9.6和图9.7分别为蛟龙号载人潜水器在水下5000m和7000m海底拍摄的图像。

图9.6　蛟龙号载人潜水器在5000m海底拍摄的图片

 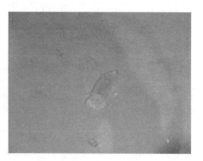

图9.7　蛟龙号载人潜水器在7000m海底拍摄的图片

在清澈的海水和最佳状态的阳光照射下，人们用肉眼可见海水中物体的深度只有几十米。海水中自然光线照明条件较差，如果无辅助照明，基本是一个暗光和微光环境；深海海域则完全是黑暗的世界。因此水下机器人搭载的水下摄像机通常与水下照明灯配合使用，才能获得较好的视场及较理想的拍摄图像。

另外，为了增大视场范围，除了要求水下摄像机本身具有变焦、变倍及自动聚焦等功能外，还要求水下摄像机本身能够实现回转及俯仰运动。因此，水下机器人使用的水下摄像机通常安装在可提供上述运动的云台上。当然，如果水下摄像机只用于某一固定方向或某一固定点的观察，则可将其直接固定在水下机器人载体上。关于水下照明灯及水下云台的相关内容，在 9.2 节和 9.3 节中将作进一步的介绍。

9.1.2　国外水下摄像机简介

主要面向水下机器人、深海采矿、海洋科学研究、考古学及海洋石油与天然气服务领域应用的水下摄像机产品几乎全部由国外厂家生产。知名的水下摄像机及相关产品的制造商主要集中在美国、加拿大等国家。其中包括美国的 DeepSea 公司、Insite Pacific 公司及加拿大的 SubC 公司等。图 9.8～图 9.11 是美国 DeepSea 公司生产的几款水下摄像机。

美国 DeepSea 公司是一家专业生产水下摄像机及水下照明灯的公司，可生产标清、高清、黑白及内置 LED 灯等多种类型的水下摄像机产品。其产品设计紧凑、坚固耐用，并具有广角、高分辨率等突出特点，额定工作水深已覆盖全海深。

图 9.8　HD Multi-SeaCam 高清摄像机

图 9.9　LED Multi-SeaCam 摄像机

图 9.10　Low-Light SeaCam 黑白摄像机

图 9.11　Nano SeaCam 彩色摄像机

HD Multi-SeaCam 高清摄像机是一款全高清微光水下摄像机，分辨率达到

1080P，灵敏度为 0.01lx。该款摄像机的外壳材料有两种：一种是铝合金材料；另一种是钛合金材料，分别对应 4000m 和 6000m 的额定工作水深。其输出的视频信号既可使用同轴电缆也可使用光纤传输。

图 9.9 所示摄像机是一款内置 LED 照明光源的水下摄像机，在没有外界辅助光源照明的条件下，依靠内置 LED 照明光源即可在最大 4000m 水深下工作。该款摄像机可提供彩色、黑白及微光 3 种选型。

Low-Light SeaCam 黑白摄像机的分辨率并不高，但其灵敏度却达到了 0.00045lx，是一款在极度微弱照明条件下仍可在最大 6000m 水深下工作的水下黑白摄像机。它结构紧凑、外形尺寸小，更有利于其在云台上的安装。该款摄像机的外壳材料有两种：一种是铝合金材料；另一种是钛合金材料，分别对应 4000m 和 6000m 的额定工作水深。该款摄像机既可应用于较大型作业型 ROV，又可应用于小型观察型 ROV。

Nano SeaCam 彩色摄像机的分辨率较高，是一款全海深水下彩色摄像机。其视窗材料为蓝宝石玻璃，具有更紧凑的结构和更小的外形尺寸（ϕ25mm×88mm，含连接器），消耗功率只有 1W。

美国 Insite Pacific（原 Insite Tritech）公司是一家专业水下影像系统的生产供应商，其先进的水下摄像机产品可以适应恶劣的海洋环境及全海深应用。其生产的 Zeus 系列水下摄像机被公认为世界上成像效果最好的水下摄像机产品。图 9.12～图 9.15 是美国 Insite Pacific 公司的几款水下摄像机。

图 9.12　Zeus Plus 可变焦彩色摄像机

图 9.13　Atlas 可变焦彩色摄像机

图 9.14　Titan 可变焦彩色摄像机

图 9.15　Aurora 彩色摄像机

Zeus Plus 是一款高清、彩色 3 CCD（charge coupled device，电荷耦合器件）、10：1 超广角及工作水深达 3000m/7000m 的可变焦彩色摄像机。该款摄像机的视窗采用专用的光学纠正半球镜，可有效消除图像的畸变与色彩失真。Atlas 可变焦彩色摄像机具有比 Zeus Plus 可变焦彩色摄像机更大的超广角变焦镜头（14：1）。

上述两款水下摄像机的耐压壳体材料均为钛合金材料，Atlas 可变焦彩色摄像机的耐压壳体材料还可以是铝合金。当选用铝合金壳体时，Atlas 可变焦彩色摄像机的额定工作水深为 1000m。

Titan 可变焦彩色摄像机的耐压壳体材料为钛合金。该款摄像机具有内置云台，可实现水平方向连续旋转 180°及俯仰转动。而 Aurora 是一款固定焦距的彩色摄像机，其最大的特点是低成本、小尺寸、大深度，且对一般的应用而言，其成像质量是可接受的。

图 9.16 是加拿大 SubC 公司生产的部分水下摄像机。

图 9.16　加拿大 SubC 公司水下摄像机

实际上，我国高端水下机器人等应用的水下摄像机几乎全部由国外公司生产，且价格昂贵。将采购的普通摄像机封装在自行设计的耐压壳体内并利用水密连接器与外界相连；利用光学玻璃或塑料材料加工平面视窗，以此可完成简单的水下摄像机制作，如图 9.5 所示。这种自制的水下摄像机因成本很低，同样获得了较好的应用。

9.2　水下照明灯

如前所述，水下自然光照条件很差，在深水区自然光的照明更是非常微弱。

在这样的环境里,需要提供附加的水下照明设备,来保证水下摄像机的正常工作,拍摄更高质量的图像。水下照明灯成为水下照明必不可少的设备。由于海水对光线具有吸收作用,且海水吸收系数随盐度、悬浮物成分及浓度变化,经过分析验证,海水对蓝绿光的吸收率最低。传统的拍摄光源为卤素灯,光谱分布较宽,容易被海水(特别是浑浊海水)所吸收。因此,选用对海水吸收率最低的高穿透性蓝绿激光灯作为拍摄光源,能提高拍摄图像质量[2]。

9.2.1 水下照明灯种类及结构

长期以来,水下机器人上应用的水下照明灯以卤素灯为主。近些年来,随着LED 照明技术的快速发展,以 LED 为光源的水下照明灯逐渐得到更加广泛的应用,并快速取代以卤素灯为光源的水下照明灯。图 9.17 是一款以卤素灯为光源的UWL 型水下照明灯结构。

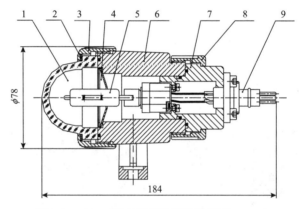

图 9.17 UWL 型水下照明灯结构(单位:mm)

1-灯罩;2-矩形胶垫;3-压盖;4-反光杯;5-卤素灯泡;6-灯体;7-尾座;8-下压盖;9-3 芯水密电连接器

UWL 型水下照明灯由灯罩、矩形胶垫、压盖、反光杯、卤素灯泡、灯体、尾座、下压盖及 3 芯水密电连接器组成。该水下照明灯可配安装支架,用于其在 ROV载体框架上的安装。

UWL 型水下照明灯的灯罩由 GG17 钢化玻璃制作并经表面磨砂处理;压盖、灯体、尾座及下压盖均由铝合金加工并经表面硬质阳极氧化处理,用以提高其在海水中的耐腐蚀性能。水下照明灯各处的密封均由 O 形橡胶密封圈实现。

UWL 型水下照明灯的工作电压为 110V,功率为 250W,工作水深为 1000m,且具有调光功能。

UWL 型水下照明灯在水下机器人(主要是 ROV)上的实际应用中取得了较好的使用效果。但也反映出一些不足之处,主要表现为以下几点。

(1)卤素灯的使用寿命相对较短。卤素灯由于灯泡内充入了卤族元素气体而对灯丝在高热状态下的氧化及蒸发起到了保护作用，相对于白炽灯的使用寿命有所延长。但卤素灯泡也是由电流通过灯丝发热而发光的，在高热状态下，尤其在密闭小空间内散热条件不佳，这使得水下照明灯的使用寿命相对较短。

(2)为了提高照度使用反光杯，导致水下照明灯的轴向尺寸加大，故卤素灯光源类水下照明灯的外形尺寸相对 LED 水下照明灯均较大，给安装和使用带来不便。

(3)由于散热条件差，该水下照明灯只允许在空气中点亮很短时间，否则会由于过热而造成水下照明灯的损坏。

(4)该水下照明灯的抗振性能较差，运输过程中需要从水下机器人上取下，并放入带有减振功能的包装盒内加以保护。

随着 LED 照明技术的发展，LED 水下照明灯近年来逐渐取代卤素灯光源类水下照明灯，成为水下照明灯的主流产品。

从发光原理上看，LED 灯将电能直接转换成光能，而无须电能→热能→光能的转换过程，其发光效率可高达 90%。另外，LED 灯侧向散光少，灯具的反光杯作用较传统灯泡不明显，故 LED 光源无须使用反光杯，且其阵列的分布分散，这与传统灯泡恰恰相反。归纳起来，LED 灯具有如下诸多优势：

(1)点亮无延迟，响应更快；

(2)发光纯度高，无须灯罩滤光；

(3)更强的抗振性能；

(4)发热量很小，对灯具材料的耐热性能要求不高，且可在空气中使用；

(5)光束集中，更易于控制，且不需要反光杯聚光，有利于减小灯具的深度尺寸；

(6)耗电量低，更节能；

(7)超长寿命，无灯丝发热问题。

正是由于具有上述优点，LED 水下照明灯已经成为卤素灯光源类水下照明灯的必然替代产品。

9.2.2　水下照明灯应用

水下照明灯通常要满足如下几点要求：

(1)光源的发光效率要高，发热量要小；

(2)光通量稳定(无频闪)；

(3)可调光且安装布置方便等。

从 9.2.1 节的叙述中显然可以看出，LED 更适合作为水下照明的光源应用。

当选择 LED 水下照明灯时，需要关注的参数主要是亮度和色温。LED 水下照明灯的功率越大，光通量越大，亮度越高；LED 水下照明灯的色温在 5000K 以下偏黄，在 5000～7500K 为白，在 7500K 以上偏蓝。如果观察和拍摄畏光生物，也可选择红外照明灯。图 9.18 为 LED 水下照明灯在 ROV 上的应用情形。

图 9.18　LED 水下照明灯在 ROV 上的应用

利用水下机器人携带的水下摄像机在水下进行拍摄的过程中，应正确使用作为辅助光源的水下照明灯。水下照明灯使用不当，不仅达不到预期效果，有时还会适得其反。如果水下照明灯提供的水下照明的光照度严重不足或过强，会使拍摄出的影像昏暗或出现亮斑而无法辨识被拍摄物体。另外，水下摄像机配备的水下照明灯的亮度一般应当可以调节。因为水下摄像机在水下拍摄时，应根据监视器的图像显示效果以及景物表面的反光强弱，调节水下照明灯至合适的亮度；同时，在近距离拍摄时，还要调节好水下照明灯的照射方向，避免景物表面的强反光在图像上留下亮斑。

在同样的拍摄条件下，水下照明灯不同的照射方向对影像的清晰度有较大的影响。当水下照明灯的照射方向与水下摄像机镜头的拍摄方向为同向(即顺光)时，镜头前的水中悬浮颗粒对影像清晰度影响较大；当水下照明灯的照射方向与水下摄像机镜头的拍摄方向成 30°～60°夹角(即斜侧光)时，影像的清晰度较好。因此，在水下照明时，应以水下照明灯离开水下摄像机一段距离并形成斜侧光照明为宜。

9.2.3　国外水下照明灯简介

9.1.2 节介绍了美国 DeepSea 公司的几款水下摄像机。该公司同时生产多种规格与型号的水下照明灯产品。其水下照明灯应用范围覆盖全海深。图 9.19～图 9.22 为该公司的几款水下照明灯产品。表 9.1 和表 9.2 为其主要性能参数。

Nano SeaLite 水下照明灯除了可实现全海深应用，还具有超强的抗振性能；

外形尺寸十分紧凑，达到了 ϕ25mm×55mm（不含安装支架及连接器），安装及布置十分便利。SeaLite LumosRemote 水下照明灯可长期在恶劣海洋环境下使用，具有良好的过载保护功能及过热保护功能，且很少需要维护。其壳体材料可以是不锈钢，也可以选择经阳极氧化处理的铝合金，外形尺寸为 ϕ47mm×54mm（不含连接器）。

图 9.19　Nano SeaLite 水下照明灯

图 9.20　SeaLite LumosRemote 水下照明灯

图 9.21　SeaLite Sphere 6500 水下照明灯

图 9.22　LED Matrix-3 SeaLite 水下照明灯

表 9.1　美国 DeepSea 公司水下照明灯性能参数（一）

水下照明灯性能参数	Nano SeaLite	SeaLite LumosRemote
工作水深/m	11000	6000
光通量/lm	700	3300
色温/K	6500～8000	5000～6500
光束角度/(°)	70	泛光 85/中间 32
最大功率/W	19	39

表 9.2　美国 DeepSea 公司水下照明灯性能参数（二）

水下照明灯性能参数	SeaLite Sphere 6500	LED Matrix-3 SeaLite
工作水深/m	6000	6000
光通量/lm	6000	18000
色温/K	5000～6500	5000～6500
光束角度/(°)	泛光 70/中间 38	泛光 77
最大功率/W	19	39
工作电压	90～250VAC 或 80～350VDC	85～150VAC 或 75～200VDC

　　SeaLite Sphere 6500 水下照明灯的光通量达到了 6000lm，具有工作电压宽泛、无频闪调光及过热保护等特点。SeaLite Sphere6500 水下照明灯采用铝合金壳体并附带安装支架。该水下照明灯还可选用紫外和红外单色 LED，外形尺寸为 ϕ84mm×130mm（不含连接器）。

　　LED Matrix-3 SeaLite 水下照明灯是 DeepSea 公司生产的光通量最大的水下照明灯。其特点是坚固耐用、抗振性能好、无频闪调光和零维护。它既可在水中使用，也可在空气中使用，外形尺寸为 ϕ134mm×254mm（不含连接器）。

　　英国 Teledyne Bowtech 公司设计、制造和供应专业的水下观察系统。Teledyne Bowtech 公司的水下摄像及照明产品是目前市场上主流和备受信赖的产品之一，已广泛地应用于 ROV 和 AUV、海洋石油与天然气开采、国防、核能、海洋研究等行业和领域。图 9.23～图 9.26 是 Teledyne Bowtech 公司的几款水下照明灯产品。表 9.3 和表 9.4 为其主要性能参数。

图 9.23　LED-U 系列水下照明灯

图 9.24　LED-C 系列水下照明灯

图 9.25　LED-S 系列水下照明灯　　　　图 9.26　LED-V 系列水下照明灯

表 9.3　英国 Teledyne Bowtech 公司水下照明灯性能参数（一）

水下照明灯性能参数	LED-U 系列	LED-C 系列
工作水深/m	6000	300/4000/6000
光通量/lm	4200/7300	430
光照寿命/h	50000	50000
光束角度/(°)	80	48
工作电压	120VAC	24VDC

表 9.4　英国 Teledyne Bowtech 公司水下照明灯性能参数（二）

水下照明灯性能参数	LED-S 系列	LED-V 系列
工作水深/m	6000	300/4000/6000
光通量/lm	10000	20000
光照寿命/h	50000	50000
光束角度/(°)	80	80
工作电压	120VAC/150VDC	120VAC/150VDC

　　LED-U 系列水下照明灯的壳体由铝合金材料加工并经硬质阳极氧化处理，以提高其耐海水腐蚀性能；光通量可选择 4200lm 或 7300lm 两种规格。

　　LED-C 系列水下照明灯是一种聚光水下照明灯，适用于彩色视频检测与观察，尤其适用于潜水及 ROV。其壳体由铝合金或钛合金材料加工制造，前者适用于300m 工作水深，后者适用于 4000m 和 6000m 工作水深。

　　LED-S 系列水下照明灯的壳体由超硬铝合金材料加工并经硬质阳极氧化处理，以提高其耐海水腐蚀性能。当需要大面积的水下照明时，该系列水下照明灯是理想的选择。

　　LED-V 系列水下照明灯的结构及性能与 LED-S 系列水下照明灯类似，但它具有更高的光通量，可达 20000lm。

　　在水下机器人设计过程中，应将水下机器人接近观测对象的能力，保持静止或准确移动的能力，所选用水下摄像机的视距、视角、机械手尺寸及活动范围，水下照明灯的照度，水质情况等因素加以全面综合考虑，以求得最佳配置[3]。

9.3　水下云台

　　云台是一种用于安装摄像机等设备的机械装置。陆地上使用云台的场合较多，如楼宇、道路监控系统等。顾名思义，水下云台的应用领域是在水下。水下云台在水下机器人(尤其是 ROV)上几乎是必备单元部件。另外，在海底观测网及其他水下技术装备上，水下云台也均有应用。水下云台与陆地上使用的云台在功能上是完全一致的，只不过水下云台必须是水密的，且要具有足够的结构强度以抵抗工作水深下的环境水压力作用。

　　根据工作原理，水下云台可分为液压云台和电动云台。液压云台的运动是靠液压动力油的驱动实现的；电动云台的运动是靠电动机的驱动实现的。根据运动形式，水下云台可分为固定云台和旋转云台。当水下摄像机的监视拍摄范围不大时，可以选用固定云台。在固定云台上安装好水下摄像机后，可通过固定云台调整水下摄像机的水平及俯仰角度；当达到最佳工作姿态后，通过固定云台锁紧机构将水下摄像机的姿态锁定即可。旋转云台可分为只提供左右旋转的水平旋转云台及既能提供左右旋转又能提供上下俯仰的全方位云台。旋转云台扩大了水下摄像机的观察范围，是 ROV 用云台的主要型式。

　　根据是否具有位置反馈功能，水下云台又有带反馈云台及不带反馈云台之分。例如，ROV 上安装的具有反馈功能的水下云台可以把云台的水平回转及俯仰位置(通常是角度)反馈给水上控制间的 ROV 操作手，为其提供操作云台及其他设备(如机械手)的更丰富的参考信息，以便 ROV 更好地完成水下观察及水下作业任务。

　　另外，同其他水下设备一样，水下云台存在密封及结构强度问题。在大水深下工作的水下云台通常可以采用充油压力补偿的方式解决耐水压强度问题。

9.3.1 水下液压反馈云台结构及应用

液压云台以液压为动力驱动云台，实现水平回转及俯仰运动。图 9.27 是 ROV 用带反馈功能的 FKYT 水下液压反馈云台。

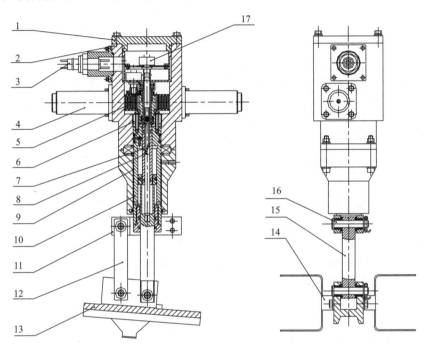

图 9.27 FKYT 水下液压反馈云台

1-上盖；2-上箱体；3-水密插座；4-齿条油缸；5-齿条；6-方位齿轮；7-导向套；8-螺杆；9-下箱体；10-回转套；
11-夹紧箍；12-摆杆；13-摄像机安装架；14-水下照明灯安装架；15-活塞杆；16-销轴；17-反馈电位计

FKYT 水下液压反馈云台主要由上下箱体、齿条传动机构、活塞杆传动机构及位置反馈机构等组成。在上箱体上安装的两个齿条油缸的端面上各有一个螺纹孔，用于两根驱动云台水平回转运动液压油管的安装；在上下箱体上各有一个螺纹孔，用于驱动云台俯仰运动液压油管的安装。

当液压动力油从一侧的油管进入齿条油缸后，便推动齿条做直线运动。此时，齿条带动方位齿轮转动，经回转套及夹紧箍，将齿条的直线运动转化为摄像机安装架的转动，带动水下摄像机及两侧的水下照明灯一起转动。当液压动力油从另一侧的油管进入齿条油缸时，推动齿条向相反方向做直线运动，而摄像机安装架带动水下摄像机及两侧的水下照明灯一起向另一方向转动。这样就实现了云台的水平回转运动。

FKYT 水下液压反馈云台上箱体上安装的液压油管与回转套内腔和活塞杆之

间形成的上部空腔相通；下箱体上安装的液压油管与回转套内腔和活塞杆之间形成的下部空腔相通。当液压动力油经油管进入上部空腔时，推动活塞杆向下运动，经摆杆的约束，使摄像机安装架带动水下照明灯安装架一起做上仰运动；当液压动力油经油管进入下部空腔时，推动活塞杆向上运动，经摆杆的约束，使摄像机安装架带动水下照明灯安装架一起做下俯运动。这样就实现了云台的俯仰运动。

FKYT 水下液压反馈云台的位置反馈是通过安装在云台内部的反馈电位计实现的。云台的水平回转或俯仰运动经传动机构传递给反馈电位计，由于转轴位置不同，反馈电位计对应不同的电位信号并经水密连接器输出。

通常水下液压反馈云台的负载能力较大，其水平回转或俯仰运动的角度受到一定限制。在同样负载情况下，水下液压云台的外形尺寸较水下电动云台可以做得更小。水下液压反馈云台通常应用于液压驱动及本身具有液压源的 ROV 等水下机器人。

9.3.2 水下电动反馈云台结构及应用

9.3.1 节对水下液压反馈云台结构及应用进行了简要介绍和说明。本节要介绍的是水下电动反馈云台。实际上，水下电动反馈云台在水下机器人上的应用比水下液压反馈云台更多。

图 9.28 为 YQ2B 水下电动反馈云台结构。它由云台上下安装架、云台本体、水下照明灯安装架及水下摄像机安装架等部分组成。

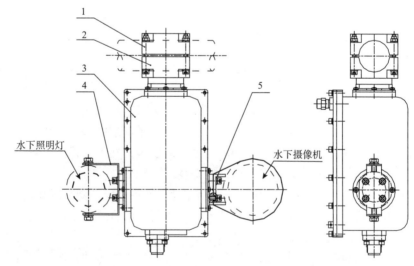

图 9.28　YQ2B 水下电动反馈云台结构

1-云台上安装架；2-云台下安装架；3-云台本体；4-水下照明灯安装架；5-水下摄像机安装架

YQ2B 水下电动反馈云台安装架用于云台在水下机器人上的安装，它可以有不同的结构型式,以满足安装的需要。云台本体的内部传递结构与水下液压反馈云台类似,只不过驱动源为电机而非液压动力油。具体结构在这里不进行更详细介绍。该云台具有一个水下照明灯安装架和一个水下摄像机安装架。这两个安装架的结构型式也是可以变化的,以适应不同规格的水下照明灯及水下摄像机的机械安装接口。水下摄像机在云台上的安装采用紧固带固定方式,这种安装方式安全可靠,且对水下摄像机安装位置及方向的调整更加方便;同时,该种安装方式还具有维护、保养、检查及更换方便等优点。零部件的紧固带固定方式是ROV上常见的安装方式之一。

水下电动反馈云台由于采用微小型电机驱动,其驱动方式及位置反馈功能的实现更加便捷,位置控制及反馈信息更加准确;同时,由于水平回转及俯仰运动机构受结构限制较小,其水平回转及俯仰运动范围更大,为水下摄像机提供了更加广阔的观测区间。由于无须液压油及油管,不会产生水下液压反馈云台出现的漏油、渗油等现象。

水下电动反馈云台的本体采用干舱型式时的工作水深会受到一定限制;可以采用充油压力补偿的湿舱型式,这样不仅可大幅增大云台的工作水深,而且可以减小云台本体壁厚,进而减轻云台自身的重量。

9.3.3 国外水下云台简介

美国ROS公司生产的水下云台产品具有坚固耐用及负载能力大的特点。使用者通过一根线缆并通过计算机RS-485/RS-232接口,可实现对水下云台的实时远程控制及定位,并接收实时位置反馈信息。其主要特点如下:

(1)可通过计算机RS-485/RS-232接口实施实时远程控制;

(2)可实时反馈位置信息;

(3)旋转速度可调;

(4)多个水下云台可组网控制。

图9.29及图9.30是ROS公司生产的两款水下云台,表9.5为其主要性能参数。

图9.29　P20水下云台

图9.30　P100水下云台

表 9.5　美国 ROS 公司水下云台性能参数

水下云台性能参数	P20 水下云台	P100 水下云台
工作水深/m	6000	300/4000/6000
负载能力/kg	9	45
扭矩/(N·m)	13.5	61
扫描范围(双轴)/(°)	0～360	0～360
转速(双轴)/((°)/s)	20	0.5～10
精度/(°)	±1.5	±1.5
数据通信	RS-485(半双工)	RS-485(半双工)
电源	24VDC（1.7A）	24VDC（1.7A）

上述两款水下云台在充油压力补偿状态下可在 6000m 水下工作。

图 9.31 及图 9.32 分别是美国 SIDUS 公司生产的 SS109 水下云台和英国 KONGSBERG 公司生产的 oe16-448 水下云台，表 9.6 是其性能参数。

图 9.31　SS109 水下云台　　　　　　　图 9.32　oe16-448 水下云台

表 9.6　美国 SIDUS 公司及英国 KONGSBERG 公司水下云台性能参数

水下云台性能参数	SS109	oe16-448
工作水深/m	3000	300/4000/6000
扭矩/(N·m)	13.6	69
扫描范围(双轴)/(°)	0～360	0～340
转速(双轴)/((°)/s)	10	6
数据通信	RS-232 或 RS-485	RS-232 或 RS-485
电源	24VDC	115VAC

SS109 水下云台的壳体由高强度铝合金材料制作并经抗腐蚀表面处理，可选的壳体材料还包括 316L 不锈钢或钛合金材料。SS109 水下云台可靠性高、易于维护、运转平稳。其改进型具有限位开关和位置反馈功能，可用于对位置信息要求高的场合。

oe16-448 水下云台的壳体材料为 304 不锈钢。该水下云台是一种可在恶劣海洋环境中使用的重载云台，具有充油压力补偿功能，可在全海深范围内应用。

上面介绍的几款国外水下云台产品均为水下电动云台。水下电动云台在运动范围、运动控制、通信、位置反馈、灵活性等方面相对水下液压云台具有更大的优势，因此在水下机器人等应用领域具有更广泛应用。图 9.33 是水下云台搭载水下摄像机和水下照明灯在 ROV 上实际应用的情形。

图 9.33　水下云台在 ROV 上的应用

9.4　补偿器

液压驱动系统具有体积小、重量轻、输出功率大、工作平稳等诸多优点，因此在水下机器人及其他水下技术装备上得到了越来越广泛的应用。例如，中、大型 ROV 选用液压推进器作为主要推进方式。不仅如此，ROV 装备的机械手等作业工具及水下云台等设备也广泛采用液压驱动方式。另外，采用压力补偿的液压系统，系统本身可不受工作水深的影响，满足大水深水下机器人及水下设备的使用要求。

一定深度下的环境水压力对在水下工作的液压系统具有多方面的影响。对于单出杆液压缸，当活塞杆伸出时，就会受到一个水下环境压力产生的附加载荷，使液压缸无杆腔压力升高，导致系统的功耗增加；当活塞杆缩回时，水下环境压力有助于活塞的回缩,给活塞杆的返程控制增加了不确定因素。而对于液压马达，水下环境压力作用于马达输出端，使液压马达输出轴受到一个轴向不平衡力的作用。可见，由于水下环境压力的干扰始终存在，液压系统的压力一直处在不稳定状态。

　　水下环境压力对液压密封元件也会产生一定的影响。液压密封元件多属于单向密封元件，即只能防止液压油向壳外单方向泄漏。当直接应用于海水压力环境中时，液压密封元件既承受内部油压的作用，又承受外部海水压力的作用，即此时的液压密封元件承受双向压力的作用。当内外压差很小或接近相同时，海水就很容易侵入液压系统，从而影响整个液压系统的正常工作。

　　目前，消除水下环境压力对液压系统的影响，通常的解决办法是利用补偿器对水下环境压力进行补偿。水下机器人及其他水下技术装备上应用的补偿器的功能就是感应周围海水环境压力，并把海水环境压力传递到液压系统中，对液压系统的压力进行补偿，以消除或减少海水环境压力对液压系统的影响。

9.4.1　皮囊式压力补偿器结构及工作原理

　　液压系统压力补偿器常见的型式有金属薄膜式压力补偿器、波纹管式压力补偿器和皮囊式压力补偿器。三种压力补偿器的特点是均带有弹性元件，允许一定的弹性变形，补偿器的出口与油箱相连，内部充满补偿油。其中皮囊式压力补偿器在水下机器人液压系统中的应用最为广泛。

　　图 9.34 是一种常见的皮囊式压力补偿器示意图。它由端盖、压盖、皮囊、活塞、补偿器筒、弹簧及导杆等主要零部件组成。除皮囊、弹簧外，补偿器的其他零部件均可由铝合金材料加工而成，并经表面硬质阳极氧化处理，以提升其耐海水腐蚀性能。

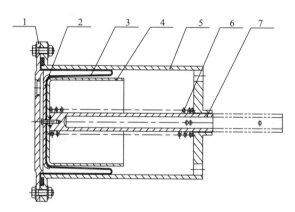

图 9.34　皮囊式压力补偿器示意图

1-端盖；2-压盖；3-皮囊；4-活塞；5-补偿器筒；6-弹簧；7-导杆

　　补偿器皮囊置于压盖和活塞之间，并通过螺钉与导杆连接在一起。导杆前端通过 O 形橡胶密封圈实现与活塞之间的密封。皮囊的上沿翻边置于端盖和补偿器筒之间，并通过螺钉压紧固定，同时利用密封圈形式的翻边，实现端盖与补偿器筒之间的密封。这样就在端盖和皮囊之间形成一个水密空间，用以充装补偿油。弹簧套装在导杆上并置于活塞和补偿器筒之间，弹簧变形产生的张力通过活塞、皮囊及压盖作用于补偿油。弹簧产生的附加压力使得补偿油压力略大于海水环境压力。

补偿器皮囊由橡胶等与纤维织物复合而成，如由夹有丝布的橡胶模压制成。丝布是皮囊的骨架，主要起到增加强度的作用，橡胶则起到密封的作用。因此，皮囊既是密封元件又是压力传递的敏感元件。皮囊式压力补偿器通常由导杆带动皮囊在补偿器筒内运动，导杆与补偿器筒之间留有一定的间隙，当导杆运动时，皮囊沿着补偿器筒内壁做无滑动的滚动，所以皮囊又称为滚动膜片。为了便于安装和密封，皮囊上沿通常设计成密封圈形式的翻边。

当海水从海水入口(或导杆与补偿器筒的间隙)进入补偿器筒内(皮囊右侧空腔)时，皮囊感受到海水环境压力的作用并将此压力传递给内部(皮囊左侧空腔)的补偿油，此时(无弹簧时)补偿油压力和外部海水环境压力相等；而液压系统油箱与补偿器是连通的，因此油箱内部的压力也与外部的海水环境压力相等。当系统油量不大时，也可把补偿器作为油箱使用。而为了保证下潜系统的可靠性和密封性，通常要采用弹性元件(弹簧)作用在补偿器上，使系统内部压力始终略大于外部海水环境压力。具有压力补偿的液压系统基本上仍可按常规方法设计及使用，而不必考虑海水环境压力的影响，如此可大大减小液压系统外形尺寸和重量。

如果系统泄漏等导致补偿器皮囊内的补偿油耗尽，则液压系统将不再得到补偿而引发故障。为避免此类事故发生，补偿器通常会有油液液位指示，可以是机械式的(导杆伸出位置)，也可以采用磁接近开关进行报警。

9.4.2 补偿器应用及产品简介

在水下机器人及其他水下技术装备上，补偿器的应用方式主要有以下两种：一种是静态压力补偿；另一种是动态压力补偿。

通常水下机器人载体上使用的电子舱等各种密封舱中既有干式舱，也有湿式舱。湿式舱即充油舱。可以在充油舱的外面连接一个补偿器，使密封舱内外压力平衡或使密封舱内油压略高于外部海水环境压力。这样，相比干式舱，湿式舱便可采用薄壁加工，而不必是耐压件。如此湿式舱的几何尺寸及重量均会显著减小。补偿器的这种应用称为静态压力补偿。

如果在水下机器人载体的液压回路上安装一个皮囊式压力补偿器，根据上述工作原理，液压系统内外压力相同或内部油压略高于外部海水环境压力，并随机器人下潜深度变化而实现自动调节，这样就构成了一个变回油压力的封闭式液压系统。补偿器的这种应用称为动态压力补偿。动态补偿一般应用于有明显体积变化的液压系统中。图 9.35 是英国 SMD 公司的两款补偿器产品。

上述补偿器可应用于要求内部油压高于外部海水环境压力的水下装置。补偿器由皮囊感受外部海水环境压力；补偿机构为圆柱弹簧，确保水下装置内部油压高于外部海水环境压力；补偿器安装位置传感器，可实时监视补偿器内部的补偿油量。图 9.36 是英国 SMD 公司生产的大容量补偿器。

图 9.35　英国 SMD 公司补偿器

图 9.37 是英国 FORUM SUBSEA TECHNOLOGIES 公司的小容量补偿器产品。补偿器壳体材料为聚甲醛，补偿元件为 316L 不锈钢弹簧，可选装低油量报警传感器。补偿器的补偿油量比较小，为 270～2700ml 不等，较适合推进器或水下接头盒等的压力补偿应用。

图 9.36　英国 SMD 公司大容量补偿器　　　图 9.37　英国 FORUM SUBSEA
　　　　　　　　　　　　　　　　　　　　TECHNOLOGIES 公司小容量补偿器

除上述介绍的水下摄像机、水下照明灯、水下云台及补偿器等水下机器人常用水下单元部件外，其他如机械手、推进器及声呐等水下声学设备，本书未作涉及，请参阅相关著作。

参 考 文 献

[1] 吴中平. 水下电视摄像与照明系统[J]. 电视技术, 1999(9): 56-58.

[2] 刘源, 黄豪彩, 袁卓立, 等. ROV水下辅助摄像系统设计研究[J]. 中国海洋平台, 2013, 28(3): 18-22.

[3] 蒋新松, 封锡盛, 王棣棠. 水下机器人[M]. 沈阳: 辽宁科学技术出版社, 2000.

索　引

彩　　图

图 1.10　单模光纤外观

图 1.11　多模光纤外观

(a)蛟龙号

(b)深海勇士号

图 2.2　载人潜水器

(a) ROV

(b) AUV

(c) 水下滑翔机

(d) AUV

图 2.3　无人潜水器

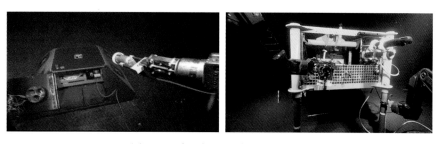

图 3.83　水下插拔连接器插拔作业

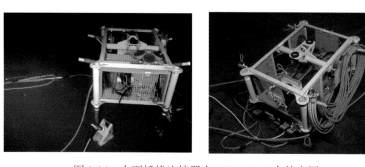

图 3.84　水下插拔连接器在 NEPTUNE 中的应用

图 8.5　穿壁式接头盒

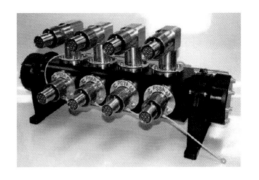

图 8.6　可分离式接头盒

(a)蛟龙号

(b)和平号

图 9.1　中国蛟龙号与俄罗斯和平号载人潜水器

图 9.2　观通设备在 ROV 上布置及应用情形